근대 건축의 흐름

The Current of Modern Architecture

김 승 제 · 박 열 공저

KIMOONDANG

토니 가르니에 Tony Garnier …… 토마스 램 Thomas Lamb
eonard Fontaine …… 피에르 샤로우 Pierre Chareau …… 피에트 몬드리안 Piet Mondrian
필립 존슨 Philip Johnson …… 한네스 마이야 Hannes Meyer
트루스 베를라헤 Hendrick Petrus Berlage …… 헨리 러셀 히치콕 Heney-Russell Hitchcock …… 헨리
떼 Guido Frette …… 까를로 스카르파 Carlo Scarpa …… 까를
단크마어 아들러 Dankmar Adler …… 데니스 크롬튼 Dennis Crompton
mond Hood …… 루돌프 쉰들러 Rudolph M. Schindler …… 리처드 노먼 쇼 Richard Norman Shaw
마리오 키아토네 Mario Chiattone …… 마이크 웹 Mike Webb
Miss van der Rohe …… 미하엘 디 크레르트 Michael de Klerk …… 미첼 데 클럭 Michel de Klerk
Brunel …… 브루넬리스키 Brunellesch …… 브루노 제비 B
d Semper …… 구스타프 에펠 Gustave Eiffel …… 귀도 프레떼
다니엘 리벤스킨 Daniel Libeskind …… 다니엘 번햄 Daniel H. Burnham
ly-Nagy …… 레오 본 크렌체 Leo von Klenze …… 레이먼드 후드 Raymond Hoo
artin Roche …… 마리오 보타 Mario Botta
만푸레도 타푸리 Manfredo Tafuri …… 맥크무르도 A. H. Mackmurdo
발터 그로피우스 Walter Gropius …… 발터 크레인 Walter Crane
루베트킨 Berthold Lubetkin …… 브세볼로드 마이어홀드 Vsevolod Meyerhold
ebastiano Larco …… 스탠포드 화이트 Stanford White …… 아나톨 드 보도 Anatole
아우렐리오 갈페티 Aurelio Galfetti …… 안토니오 가우디 Antonio Gaudi …… 안
Johannes Pieter Oud …… 어거스트 페레 Auguste Perret …… 어니스트 랜섬 Earnest Ransome
hias Ungers …… 오스카 슐레머 Oskar Schlemmer …… 오토 바트닝 Otto Bartning
요하네스 브린크만 Johannes Brinkmann …… 우발도 카스타뇰리 Ubaldo
리스 William Morris …… 윌리엄 반 알렌 William van Allen …… 윌리엄 르 바론 제니 William Le Baron Jenny
제임스 스털링 James Stering …… 조르죠 그라시 Giorgio Grassi
존 미드 하웰스 John Mead Howells …… 죠셉 팩스톤 Joseph Paxton
obert Ashbee …… 찰스 무어 Charles Moor …… 찰스 프란시스 앤
칼 프리드리히 쉰켈 Karl Friedrich Schinkel …… 커티스 William J. R. Curtis
텍톤 Tecton …… 토니 가르니에 Tony Garnier …… 토마스 램 Thomas Lam
프랭크 로이드 라이트 Frank Lloyd Wright …… 프리츠 헤이거 Fritz H?ger
만 Peter Einsenman …… 피터 쿡 Peter Cook
Holain …… 헤르만 무테지우스 Hermann Muthesius …… 헤르만
브세볼로드 마이어홀드 Vsevolod Meyerhold …… 블라디미르 타틀린 Vladimir Tatlin
아나톨 드 보도 Anatole de Baudot …… 아달베르토 리베라 Adalberto Libera
안토니오 상텔리아 Antoni Sant'Elia …… 알도 로시 Aldo Rossi …… 알렉산데르 베
some …… 에로 사리넨 Eero Sarrivan …… 에릭 멘델존 Erich Mendelsohn
오토 엑크만 Otto Eckmann …… 오토 와그너 Otto Wagner
baldo Castagnoli …… 움베르토 보쵸니 Umberto Boccioni …… 워렌 초크 Warren Chalk
윌리엄 리차드 레더비 William Richard Lethaby …… 윌리엄 호라버드 William Holabird
제임스 스털링 James Stering …… 조르죠 그라시 Giorgio Grassi
존 미드 하웰스 John Mead Howells …… 죠셉 팩스톤 Joseph Paxton
obert Ashbee …… 찰스 무어 Charles Moor …… 찰스 프란시스 앤
Kazimir Malevich …… 칼 프리드리히 쉰켈 Karl Friedrich Schinkel …… 커티스 William
토니 가르니에 Tony Garnier …… 토마스 램 Thomas Lamb
eonard Fontaine …… 피에르 샤로우 Pierre Chareau …… 피에트 몬드리안 Piet Mondrian
필립 존슨 Philip Johnson …… 한네스 마이야 Hannes Meyer
트루스 베를라헤 Hendrick Petrus Berlage …… 헨리 러셀 히치콕 Heney-Russell Hitchcock …… 헨리
떼 Guido Frette …… 까를로 스카르파 Carlo Scarpa …… 까를
단크마어 아들러 Dankmar Adler …… 데니스 크롬튼 Dennis Crompton
mond Hood …… 루돌프 쉰들러 Rudolph M. Schindler …… 리처드 노먼 쇼 Richard Norman Shaw
마리오 키아토네 Mario Chiattone …… 마이크 웹 Mike Webb
Miss van der Rohe …… 미하엘 디 크레르트 Michael de Klerk …… 미첼 데 클럭 Michel de Klerk
Brunel …… 브루넬리스키 Brunellesch

머리말

현재 우리가 생활하고 있는 시대의 건축이란 무엇일까라는 질문에 대해서 간단히 정의하기는 힘들다. 이는 그만큼 사회가 복잡해지고 이와 함께 건축도 다양한 장르의 길을 걷고 있기 때문일 것이다. 건축을 전공으로 공부하는 사람이나 취미로 건축에 접근하려는 사람에게 건축으로의 접근방법에는 건물 자체에 대한 물리적인 지식을 통한 방법도 중요하겠지만 건축의 전반적인 시대의 흐름을 이해하는 것도 매우 흥미로운 일이다.

우리는 세계의 건축관이나 디자인 등에 대하여 진정한 이해 - 결국 이는 서양(특히 유럽세계) 문화에 대한 이해로 집약이 되지만 - 에 접근하는데 근본적으로 어려움을 지니고 있다. 유럽의 문화 울타리에서 직접 몸으로 체험을 해 왔던 민족과는 달리 하나의 지식으로서 이해하려는 데에서 오는 한계감과 이질감은 이를 더욱 가중시킨다.

건축물이 형성되고 나아가서는 도시를 이루는 역사적 시간선상의 과정에 있어서 산업혁명이후의 근대화를 기점으로 한 건축과 도시는 그 이전 시대에는 찾아보기 힘든 많은 변화와 발전이 있었으며 그에 따른 부작용도 함께 나타나기 시작한다. 우리는 이러한 근대에 대한 가치관을 가지고 현재를 살고 있다. 본고에서는 산업혁명 이후의 건축물의 공간 및 디자인의 변화에 대하여 그 사회적인 요구와 그 시대 인간의 이상에 초점을 두어 정리하여 보았다.

공간은 시대의 요청에서 만들어지며, 이는 건축가의 구상에서, 또한 재료와 기술의 가능성에서 만들어진다. 이러한 종합적인 요구와 실천은 결국 그 시대에 하나의 경향(유행 혹은 ism)을 나타내게 되며 이러한 경향은 그 시대에 살고 있는 인간의 이상 실현을 대변해 주기도 한다. 하지만 시대의 현실적인 요청이 꼭 원활히 실현되는 것만은 아니다. 기존의식의 기득권이나 향수적인 요소 등의 오랜 관습은 때로는 새로운 움직임의 방해가 되는 경우가 허다하다.

현대 도시에는 여러 종류와 형태의 건축물이 있다. 실로 이러한 다양한 건축물은 근대이후의 소산이라 할 수 있으며 이전의 시대에서는 찾아보기 어려운 모습이다. 장식이 가득한 고전주의적 건물이 있는가 하면 소위 상자 곽을 쌓아올린 듯한 근대건축의 고층빌딩, 형태를 알 수 없는 복잡하고 불가사의한 형태를 지닌 포스트모더니즘의 건물 등은 도시 전반에 널리 퍼져있어 각각이 자신의 얼굴을 뽐내고 있는 듯하다. 이처럼 서로 다르다고 생각되어지는 건축물들은 각 시대를 대표하고 있으며, 그 시대의 인간이 무엇을 원하고 있었는지, 또한 전반적인 건축사조의 모습을 대변해 주고 있다.

건축물을 이해하는데 있어 그 시대의 사회상을 통하여 건축물을 조명해 봄으로서 전반적인 경향을 찾아내는데 도움을 줄 것이며, 건축물을 감상하는데 있어서도 작은 즐거움을 얻을 수 있으리라 기대된다. 이곳에서는 세계의 사회구조를 근본적으로 바꾸어 버린 산업혁명을 기점으로 하는 소위 근대 이후로 부터 현대에 이르기까지의 다양한 건축공간의 흐름을 더듬어 보고자 한다.

2008년 3월

김 승 제

Contents

III. 유기주의 건축(Organism Architecture)

IV. 초기 합리주의(Early Rationalism)

I. 근대 건축의 태동

Sign of Modern Architecture

1. 19세기 유럽과 근대건축사상

오랜 중세의 봉건체제에서 벗어난 근대의 유럽문명의 원천은 정신적으로는 프랑스혁명에서, 물질적으로는 산업혁명에 두고 있다. 전자는 자유, 평등, 박애, 주권재민, 민족주의, 애국사상이며, 후자는 새로운 기술의 발달을 통한 노동 및 운수 등 생활전반에 걸친 근본적인 변화를 가져왔다.

18세기 프랑스 시민혁명은 17·18세기의 르네상스 규범의 근간이었던 프랑스의 절대주의를 붕괴하고, 이성의 지도에 따르는 국가원리와 국민사이의 특권을 부정하는 인간의 평등을 선언하였다. 이는 정치·사회적인 면에 있어 자유주의로 가는 전환점이 되었다.

사회적으로 유럽의 많은 식민지 정복에 따른 경제적 풍요는 일반시민들에게 있어 갑작스런 물질적 풍요를 안겨주었으며, 18세기 중엽 영국에서 시작된 산업혁명은 산업생산의 기술과 방식에 있어서 혁신을 가져왔다. 기계와 동력의 발명 및 발달은 생활의 기반을 농업에서 공업으로 바꾸었으며, 이는 자연스럽게 산업자본이 형성되도록 하였다. 부를 기반으로 한 신흥중류계급은 새로운 사회·경제구조를 만들면서 중심권력 세력이 되었다. 동시에 이들은 건축에 있어서 새로운 후원자가 되어 과거 교회당이나 궁전중심의 건축에서 공장, 공공건물, 주택 등으로 다양화된다.

19세기는 과학의 시대로써 르네상스의 합리주의와 관련을 갖는 계몽사상은 과학적이며 실증적인 사상으로 발전하였다. 과학의 발전은 새로운 기술을 낳게 하였고 자연주의 문학이나 인상파 회화에 이론적인 기초가 되었다. 이러한 사회적 변화는 특히 건축의 근대화에 커다란 역할을 하였다. 또한 독일의 고대미술사가인 빈켈만(Johann J. Winckelmann, 1717-68)은 그의 저서인 고대예술사(1764년)를 저술하여 고전주의 건축에 대한 이론적 근거를 제시하면서 고고학의 발전으로 이어졌다.

한편 예술에 있어서는 19세기까지 지속된 르네상스 전통과 이론에 대한 신뢰가 상실되었다. 르네상스 예술의 이상적·절대적 미학은 사라지고 상대주의적인 관점이 대두되기 시작하였다. 이는 과거의 여러 미학적 양식에 동등성을 부가하여 19세기에 로마네스크, 고딕, 르네상스 그리고 이국적 양식들의 리바이벌이 공존할 수 있도록 하였다. 고전주의에 대한 낭만주의가 일어나면서 19세기는 고전주의가 정통이라 하겠지만 낭만주의가 활력적이며 우세했던 복잡한 시대였다 할 수 있다.

과거에 대한 또 다른 접근 방법은『기원』의 신화를 재구성함으로서 이루어지기도 하였다. 이는『시작』으로 되돌아감에 의해 참된 결과를 얻을 수 있을 것이라고 제안하는 것을 말한다. 이것은 수도사인 마르 앙또안느 로지에(Marc-Antoine Laugier, 1713-69)의 저술에서 보이고 있다. 비트루비우스 학파적인 전통에 따라서 로지에는 고전적인 건축물의 가장 근원적인 요소가 발전되어진 원형적인『최초의 오두막(Primitive Hut)』에서 건축의 기원을 생각해내었으며 거기서는 보다 단순한 것이 보다 좋은 것이며, 더욱 거슬러 올라가면 올라갈수록 더욱 확실한 형태가 있다고 암시하는 경향이 있다는 것이다.

그림01 마르 앙또안느 로지에 (Marc-Antoine Laugier), 최초의 오두막(primitive hut), 1753

1) 프랑스 건축가이자 이론가
2) 독일의 고전주의 건축가
3) "만일 그리스 건축의 정신적인 원리를 보존하고 우리들 자신의 새로운 시대 상황에 적응시키기 위해 발전시킬 수만 있다면…, 그러면 우리의 논의에 대한 가장 정확한 해답을 발견할 수 있을 것이다"
4) "예술이나 어떤 종류의 일들에서나 각각의 작업들은 언제나 새로운 요소를 포함하여야 하며 예술의 세계에는 살아있는 새로운 요소가 존재해야 한다"

사회의 대변혁 속에서 19세기의 근대건축사상은 크게 두 가지의 성향으로 이해될 수 있다. 첫 번째는 양식과 기술 사이의 발전이다. 헤겔(Hegel)은 문화의 사실들을 『역사정신(Historical Spirit)』의 직접적인 표현으로 이해하였으며, 근대양식은 기능과 구조의 직접적인 표현이라 하였다. 위젠느 비올레 르 뒥(Eugène Viollet le Duc, 1814-79)[1]은 역사의 진보적인 발달에 따른 재료와 건설의 진정한 표현과 연관된 건축역사의 귀감을 설정하였다. 철과 판유리와 같은 새로운 재료의 잠재력과 그로 인한 충격을 잘 이해하고 있던 그는 19세기가 새로운 기술을 수용하고 사회적 경제적인 상황을 바꿈으로써 고유한 형식을 만들어 내야한다고 느꼈다.

19세기의 근대건축사상은 또한 전통과 발명 간의 관계성에 대한 해석이라 할 수 있다. 칼 프리드리히 쉉켈(Karl Friedrich Schinkel, 1781-1841)[2]은 전통건축의 정신적인 면이 현재의 시대성과 함께 조화를 이룬다면 이는 정확한 해답이라고 하였다.[3] 그러나 그는 예술에 있어서 새로운 요소, 즉 발명의 필요성[4]을 말하기도 한다. 쉉켈은 전통과 발명은 상호발전적인 관계로 보고 있다. 전통은 시대의 변화에 의해 요구되는 것들을 발명하는데 사고의 시작을 주며, 이러한 발명은 전통을 지속적으로 유지시켜준다는 것이다.

그림02 칼 프리드리히 쉉켈 (Karl Friedrich Schinkel), 알테스 뮤지엄(Altes Museum), 1822-30

5) "…. 조선 기술자나 기계 기술자들이 증기선이나 기관차를 제작할 때, 루이 14세 시절의 범선이나 역마차의 형태를 추구하지는 않는다. 의심할 것도 없이 그들은 자신의 개성과 자신이 만족하는 형태를 만들 수 있는 원칙, 그들 자신에게 주어진 새로운 원칙에 따를 뿐이다"

6) "고딕건축은 예술에 있어서 논리의 승리이며 그 형태는 전통적 선례에 좌우된 것이 아니라 그것의 기능, 오로지 기능 하나에 의해 결정된 것이다" - 건축의 역사 (Histoire de l'architecture, 1899)

2. 새로운 재료와 건축

2.1 산업화와 건축

산업혁명은 인간의 환경과 생활을 바꾸어 놓은 계기였으며, 이에 따른 새로운 건축적 요구가 생겨났다. 생산기반을 위한 대규모 시설의 제공과 함께 인구의 도시 집중화에 따른 도시화 현상이 가장 큰 변화이다. 이러한 변화는 건축이 새로운 건축양식을 실현시키기 위하여 기술 중심의 공학적 전통을 수용하도록 하였으며, 또한 새로운 재료에 의한 새로운 형태의 가능성을 가질 수 있도록 하였다. 특히 비올레 르 뒥[5]과 오귀스트 초이시(Augiste Choisy, 1841-1909)[6]는 예술에 있어서 기능의 중요성을 표방하면서 19세기의 건축에 있어서 공학적 측면을 강조하였다. 당시의 건축교육의 중심이었던 파리의 에콜 데 보자르(Ecole des Beaux-Arts)는 이러한 새로운 시대의 도래로 인한 요구와는 동떨어진 생기 없는 건축으로 전락되고 있었다.

이러한 건축 양식의 변화는 산업의 기계화에 따른 생산기반시설인 공장과 창고와 같은 새로운 유형의 건축물 건설에 있어 건축적 대안을 제시하였으며, 도시화에 따른 시장과 같은 대규모 공간의 형성에 있어서 철, 유리, 콘크리트와 같은 새로운 건축 재료의 적용을 통하여 가능할 수 있도록 하였다.

새로운 유형의 건축과 이를 위한 새로운 재료와 기술로 이루어진 산업화에 의한 새로운 도시의 이미지는 토니 가르니에(Tony Garnier, 1869-1948)의 산업도시(Cité Industrielle)계획안에 잘 나타나 있다. 이는 도시 속의 모든 건축을 새로운 구조인 철근콘크리트 구조에 근본을 두고 설계를 한 것이다. 그는 대담하게 새로운 재료를 선택하였으며, 계획안 속에는 수평 연속창, 필로티, 평지붕 등과 캔틸레버 구조에서

7) 초기의 지역적인 시장은 후에 세계박람회로 발전한다.
8) 근대교육시설의 효시

얻어지는 자유로운 평면 등 철근콘크리트의 다양한 조형방법들이 구체화되어져 있다. 또한 산업도시 속의 건축의 형태에서 나타나는 기하학적 조형성은 근대적 건축의 성격을 보여 주고 있다.

19세기 산업화에 따른 갑작스런 도시화 현상은 도시환경에 있어서 문제들을 발생시켰으며, 이는 도시기반시설의 발달을 가져오게 하였다. 상하수도의 본격적인 정비와 신설이 그것이며, 19세기 말에는 주거 내 설비시설들이 일반화되었다. 또한 도시의 고밀화는 건물들의 고층화를 유도하였으며, 이는 인간의 수직이동을 위한 방법으로 승강기와 같은 다양한 기술적 진보가 건축화되기 시작하였다.

이처럼 새로운 사회구조의 변화, 즉 인구의 급속한 증가, 문화의 대상이 귀족에서 대중으로, 대상지역이 전원에서 도시로, 생산방식이 수공예에서 공장생산에 의한 대량화로 변화함에 따라 새로운 건축물이 등장하게 되었다. 또한 이러한 변화들은 자연스럽게 도시의 모습을 바꾸어 놓았다. 공장의 설립과 노동자를 위한 주거를 위시로 생산된 물품의 유통을 위한 시장[7]과 각 지역을 연결시키는 역사의 출현, 대중교육시설의 등장[8], 오피스의 등장을 통하여 19세기의 도시는 차츰 현대 도시의 모습을 갖추기 시작하였다.

그러나 이러한 사회적 변화는 그렇게 원활한 것만은 아니었다. 대량생산에 대한 비판과 노동자계급과 자본가계급이라는 사회적 계급의 분리 등은 자본주의와 사회주의 커다란 두개의 노선으로 오늘에 이르기까지 서로 대립하고 있는 셈이다.

그림03 토니 가르니에(Tony Garnier), 산업도시(Cité Industrielle) 계획안, 1901-04

9) 케네스 프람프톤(1775-1915), 『근대건축의 여명 1851-1919』

2.2 재료와 기술

19세기의 건축가와 역사가들은 건축의 원천을 구하고자 시대의 결정요인에 대하여 연구하였다. 이를 통하여 그들은 재료라고 하는 요소가 시대의 결정요인에 있어 커다란 작용을 하고 있다는 점을 인식하게 되었다. 19세기는 현대건축의 3대 재료[9]라고 일컫는 유리, 철, 콘크리트가 적극적으로 건축에 사용되었으며, 이것들은 19세기의 건축에 있어 중요한 요소로 작용하였다.

그러나 실제로 근대건축을 새로이 만들어 낸 힘으로서 평가되어지는 철, 유리, 콘크리트는 각각 오랜 역사를 가지고 있다. 이 세 가지의 재료는 모두가 고대로부터 사용되어 왔으며, 고대 로마건축은 천연 콘크리트조에 의해 콜로세움과 같은 거대한 구조물을 만들어 냈으며, 중세의 대성당은 넓은 창면적에 색이 선명한 스테인드글라스를 사용하였다. 따라서 그 자체만을 가지고 본다면 이러한 재료들은 새로운 재료라고 할 수 없다.

근대건축에서 말하는 새로운 재료란 물질 그 자체가 새로운 것을 의미하는 것이 아니라, 생산기술이 공업화되기 위하여 새롭게 되었다는 의미를 뜻한다. 그리고 근대건축은 새로운 재료에 의해 생성되었다고 하는 점은 결국 근대건축이란 공업화의 기반위에서 성립된 것이라는 근대건축의 신화적인 면을 환언하고 있다.

철

초기의 새로운 재료의 사용은 건축물에서 보다는 건조물에 많이 적용되었다. 주철구조가 최초로 사용되어진 것은 교량 분야였으며 아브라함 다비(Abraham Darby)

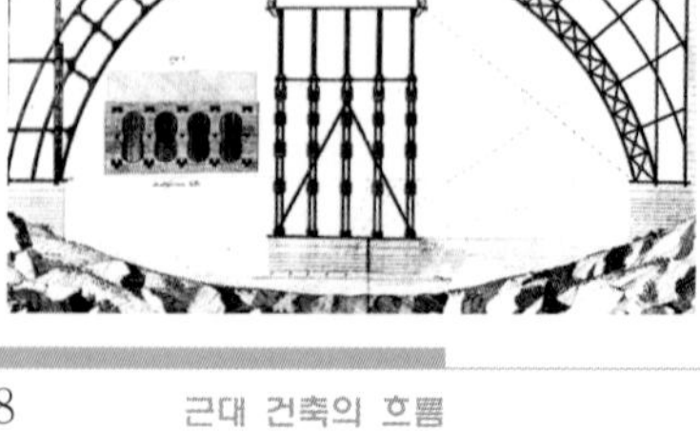

그림04 아브라함 다비(Abraham Darby), 콜블룩데일교(Coalbrookdale Bridge), 1779

설계의 콜블룩데일교(Coalbrookdale Bridge, Shropshire, 1779)는 세계 최초의 철로 건설된 영국의 다리이며, 그 후에도 계속 영국이 주철구조의 선두였다.

1826년에는 토마스 텔포드(Thomas Telford, 1757-1834)가 설계한 총길이 176미터의 당당한 매나이교(Menai Suspension Bridge)가 완성되었으며, 1869년에는 I. K. 브루넬에 의한 크리프톤교가 완성되었다. I. K. 브루넬(I. K. Brunel, 1806-59)은 또한 1859년에 런던에 로얄 알버트교를 완성하였다. 그 외에 프랑스에서는 1861년에 A. 우도리 설계의 나폴레옹III세교(가동교)와 1884년에 구스타프 에펠(Gustave Eiffel, 1832-1923)에 의한 토루엘(Truyère)강의 가라비(Garabit) 수도교가 건설되었다. 그리고 1883년에는 존 뢰블링(John A. Roebling, 1806-69) 설계의 브룩크린교(Brooklyn Bridge)가 뉴욕에 세워졌다. 철근콘크리트교도 이때를 즈음하여 실용화되었으며, 1894년에는 H. 엔네빅 설계의 총길이가 겨우 2.4미터의 다리가 스위스에 준공되었다. 이러한 교량기술은 독자의 영역을 확실히 형성해 갔다. 그러나 이러한 것들은 건축과는 약간은 동떨어진 분야에서의 성과였다.

유리

새로운 재료, 기술이 보다 좀 더 구체적인 건축의 모습을 갖게 된 것은 글라스

그림05 구스타프 에펠(Gustave Eiffel), 가라비(Garabit) 수도교, 1880-84

그림06 존 뢰블링(John A. Roebling), 브룩크린교(Brooklyn Bridge), 1869-83

구조의 지붕 가교의 분야였다. 유리공업은 일찍이 발달하였으나 건축용의 유리는 소다 글라스(Soda Glass)에 의해 판유리의 제조가 가능한 때부터라고 할 수 있다.

18세기부터 이미 글라스구조의 천창은 많은 건물에서 사용되어져 왔으며, 철골의 보를 건축물에 채용한 예도 많았다. 1829년에 만들어진 파리의 파레 로와이얄(Palais Royal)의 오를레안 갤러리(Galerier d'Orléans)는 페르시에(Percier)와 폰타인(Fontaine)의 설계에 의한 철골구조의 지붕이 전면적을 덮고 있다. 1837년에는 죠셉 팩스톤(Joseph Paxton, 1803-65)은 채트워드(Chatsworth)에 철골과 유리로만 이루어진 온실을 만들었으며, 브르톤(Burton)은 큐가든(Kew Garden)을 1847년에 완성하였다. 이러한 온실건축은 대중 집회장을 위한 건축에서도 이용되었으며, 이후에는 전시장과 철도 역사와 같은 대단위의 채광이 필요한 공간에 널리 사용되었다. 1851년의 런던 만국박람회 회장인 수정궁(Crystal Palace)은 이러한 기술을 이용한 대표적인 사례로써 19세기 후반에 건설된 유리로 된 전시갤러리 건물의 출발이 된다.

콘크리트

19세기 말 콘크리트의 개량과 함께 철골구조의 발달은 콘크리트에 철근을 삽입한 철근콘크리트 구조기술을 만들었다. 미국의 어니스트 랜섬(Earnest Ransome)과 프랑스의 프랑소아 엔비크(François Hennebique)는 이를 이용하여 가느다란 수직기둥을 사용하여 보를 브라켓 위에 옆으로 걸고 그 위에 슬래브를 얹는 방식의 혁신적인 구조시스템을 만들어 화재에 강하면서 개방된 넓은 공간의 창출에 적합한 구조임을 입증하였다.

그림07 드시무스 브르톤(Decimus Burton), 큐 가든(Kew Garden), 1844-48

그림08 죠셉 팩스톤(Joseph Paxton), 수정궁(Crystal Palace), 1851-54

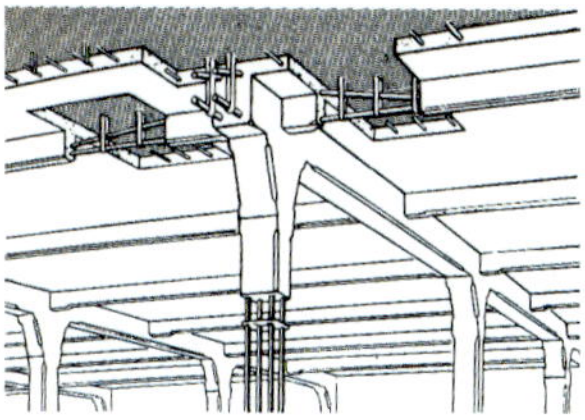

그림09 프랑소아 엔비크(François Hennebique), 철근콘크리트 구조시스템, 1892

그림10 아나똘 드 보도(Anatole de Baudot), 성 쟝 교회당(Church of St. Jean), 1894-1904

1904년에 아나똘 드 보도(Anatole de Baudot)에 의한 파리 몽마르뜨(Montmartre)의 성 쟝 교회당(Church of St. Jean)은 이러한 새로운 기술을 이용하여 과거 양식의 근대화 방식을 보여주었다. 또한 1902년에 비올레 르 뒥의 사상을 이어받은 어거스트 페레(Auguste Perret)는 프랭클린가 25번지 아파트의 설계를 통하여 철근 콘크리트 구조의 사용에 관한 방법론을 제시하였다. 2층에서 7층까지의 캔틸레버로 돌출시킨 것은 철근콘크리트 구조에 의한 획기적인 시도였다. 또한 평면에서의 필로티 구조와 같은 가느다란 기둥들의 배치와 평면에서의 칸막이 벽(Non-weight bearing panel), 그리고 평지붕의 옥상정원 처리는 한 세대 후의 건축을 예견하고 있다. 이러한 콘크리트 구조의 실용적인 성격은 지속적인 실험을 통한 조형성과 함께 근대건축을 창조했던 세대에게 커다란 영감을 주었다.

그림11 어거스트 페레(Auguste Perret), 프랭클린가 25번지 아파트 (Apartments at 25bis rue Franklin), 1902

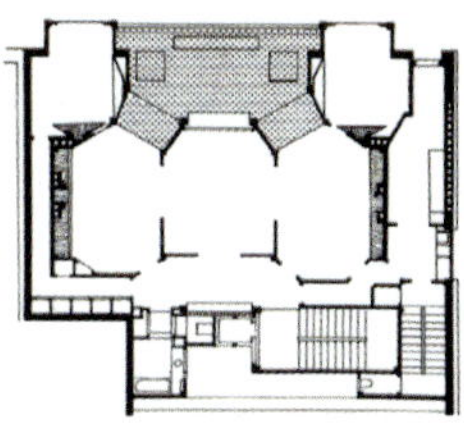

그림12 프랭클린가 25번지 아파트 (Apartments at 25bis rue Franklin) 평면도

토니 가르니에 Tony Garnier · 토마스 램 Thomas Lamb
onard Fontaine · 피에르 샤로우 Pierre Chareau · 피에트 몬드리안 Piet Mondrian
필립 존슨 Philip Johnson · 한네스 마이야 Hannes Meyer
루스 베를라헤 Hendrick Petrus Berlage · 헨리 러셀 히치콕 Heney-Russell Hitchcock · 헨리
Guido Frette · 까를로 스카르파 Carlo Scarpa · 까를로
단크마어 아들러 Dankmar Adler · 데니스 크롬톤 Dennis Crompton
nond Hood · 루돌프 쉰들러 Rudolph M. Schindler · 리처드 노먼 쇼 Richard Norman Shaw
마리오 키아토네 Mario Chiattone · 마이크 웹 Mike Webb
Miss van der Rohe · 미하엘 디 크레르트 Michael de Klerk · 미첼 데 클럭 Michel de Klerk
Brunel · 브루넬리스키 Brunellesch · 브루노 제비 Br
Semper · 구스타프 에펠 Gustave Eiffel · 귀도 프레때 G
다니엘 리벤스킨 Daniel Libeskind · 다니엘 번햄 Daniel H. Burnham
y-Nagy · 레오 본 크렌체 Leo von Klenze · 레이먼드 후드 Raymond Hoo
rtin Roche · 마리오 보타 Mario Botta
만푸레도 타푸리 Manfredo Tafuri · 맥크무르도 A. H. Mackmurdo
발터 그로피우스 Walter Gropius · 발터 크레인 Walter Crane
루베트킨 Berthold Lubetkin · 브세볼로드 마이어홀드 Vsevolod Meyerhold
bastiano Larco · 스탠포드 화이트 Stanford White · 아나톨 드 보도 Anatole
아우렐리오 갈페티 Aurelio Galfetti · 안토니오 가우디 Antonio Gaudi · 안토
ohannes Pieter Oud · 어거스트 페레 Auguste Perret · 어니스트 랜섬 Earnest Ransome
ias Ungers · 오스카 슐레머 Oskar Schlemmer · 오토 바트닝 Otto Bartning
요하네스 브린크만 Johannes Brinkmann · 우발도 카스타뇰리 Ubaldo
스 William Morris · 윌리엄 반 알렌 William van Allen · 윌리엄 르 바론 제니 William Le Baron Jenny
제임스 스털링 James Stering · 조르죠 그라시 Giorgio Grassi
존 미드 하웰스 John Mead Howells · 죠셉 팩스톤 Joseph Paxton
bert Ashbee · 찰스 무어 Charles Moor · 찰스 프란시스 앤슬
칼 프리드리히 쉥켈 Karl Friedrich Schinkel · 커티스 William J. R. Curtis
텍톤 Tecton · 토니 가르니에 Tony Garnier · 토마스 램 Thomas Lamb
프랭크 로이드 라이트 Frank Lloyd Wright · 프리츠 헤이거 Fritz H?ger
Peter Einsenman · 피터 쿡 Peter Cook
olain · 헤르만 무테지우스 Hermann Muthesius · 헤르만 오
세볼로드 마이어홀드 Vsevolod Meyerhold · 블라디미르 타틀린 Vladimir Tatlin
아나톨 드 보도 Anatole de Baudot · 아달베르토 리베라 Adalberto Libera
안토니오 상텔리아 Antoni Sant'Elia · 알도 로시 Aldo Rossi · 알렉산데르 베스
ome · 에로 사리넨 Eero Sarrivan · 에릭 멘델존 Erich Mendelsohn
오토 엑크만 Otto Eckmann · 오토 와그너 Otto Wagner
baldo Castagnoli · 움베르토 보쵸니 Umberto Boccioni · 워렌 초크 Warren Chalk
윌리엄 리차드 레더비 William Richard Lethaby · 윌리엄 호라버드 William Holabird
제임스 스털링 James Stering · 조르죠 그라시 Giorgio Grassi
존 미드 하웰스 John Mead Howells · 죠셉 팩스톤 Joseph Paxton
bert Ashbee · 찰스 무어 Charles Moor · 찰스 프란시스 앤슬
azimir Malevich · 칼 프리드리히 쉥켈 Karl Friedrich Schinkel · 커티스 William
토니 가르니에 Tony Garnier · 토마스 램 Thomas Lamb
onard Fontaine · 피에르 샤로우 Pierre Chareau · 피에트 몬드리안 Piet Mondrian
필립 존슨 Philip Johnson · 한네스 마이야 Hannes Meyer
루스 베를라헤 Hendrick Petrus Berlage · 헨리 러셀 히치콕 Heney-Russell Hitchcock · 헨리
Guido Frette · 까를로 스카르파 Carlo Scarpa · 까를로
단크마어 아들러 Dankmar Adler · 데니스 크롬톤 Dennis Crompton
nond Hood · 루돌프 쉰들러 Rudolph M. Schindler · 리처드 노먼 쇼 Richard Norman Shaw
마리오 키아토네 Mario Chiattone · 마이크 웹 Mike Webb
Miss van der Rohe · 미하엘 디 크레르트 Michael de Klerk · 미첼 데 클럭 Michel de Klerk

II. 초기 근대 건축운동

Early Modern Architecture

1. 수공예운동(Arts and Crafts Movement)

20세기 초 10년간의 폭넓은 예술적 발전의 동기가 되는 간결함과 직접적임에 대한 근대 건축의 가치 탐구는 다양한 이론적 견해에 근거를 두고 있다. 이러한 관점에서 니콜라우스 펩스너(Nikolaus Pevsner,1903-83)는 근대건축의 출발점을 다음 3가지의 뿌리에 두고 있다. 첫째는 윌리엄 모리스(William Morris, 1834-96)와 수공예운동이며, 둘째로는 아르누보(Art Nouveau), 셋째로는 공업기술의 눈부신 발달이라고 주장하고 있다.

19세기에 들어서며 산업혁명의 영향이 구체적으로 일반생활에 침투하게 되면서 그 긍정적인 면과 함께 부정적 측면도 노출되었다. 그것은 대량생산에 따른 상품들의 실용적 가치나 예술미가 상실되어 질적으로 저하된 제품이 시장에 가득 차 있었다는 것이다. 기계력을 동원한 생산만이 중시되면서 결과는 생각하지 않고 급한 대로 과거에 수공업 방법으로 제작된 수공예품을 억지로 기계 생산화 함으로서 종래 공예품이 가졌던 예술적 미나 실용적 가치는 상실된 채 조악한 물건으로 생산되어졌다. 여기에 신흥 자본가들의 허구에 찬 예술적 모방은 이를 더욱 악화시켰다.

19세기 초의 이러한 과도기적 혼란이 예술가의 재평가와 산업예술 개념의 재확립을 필요로 했으며 공예품의 조형과 질적 향상을 위한 개혁운동의 전개를 가져왔으며, 이것이 수공예운동으로 이어졌다.

존 러스킨(John Ruskin, 1819-1900)과 모리스는 창조적인 장인정신만이 『19세기의 양식의 타락』을 막을 수 있고, 진정한 건축은 순수한 도덕적 가치의 직접적인 표현을 통해서만 이루어지게 될 것이라고 하였다.

수공예운동의 중심인물은 윌리엄 모리스이다. 그는 건축가이기 전에 공예가이며 시인이자 작가이며 사회주의자로서 여러 분야에서 커다란 업적을 이룩하였다. 그가 근대건축의 시조라고 불리는 데에는 그의 예술론과 공예 작품 등이 근대초기의 건축가들의 출발점이 되었기 때문이다. 모리스의 예술론은 러스킨의 예술론에 근간을 두고 있으며, 근대초기의 건축이념은 두 작가들의 예술론에서 찾아볼 수 있다.

1.1 존 러스킨(John Ruskin)과 윌리엄 모리스(William Morris)

존 러스킨은 미술비평, 미학, 경제학, 광물학, 식물학이외 많은 분야에서 당대 최고의 학자였다. 존 러스킨의 예술론은 그가 23세 때 쓴 『근대화가론(Modern Painters, 5 vols,1843-60)』에서 살펴볼 수 있다. 러스킨 예술론 특징의 하나는 예술의 장대한 구성에 있으며, 예술을 분류하여 정의하였을 뿐 아니라 건축, 회화 및 조각에 이르는 모든 문제를 고찰하였다. 그리고 더 나아가 이를 해명함과 동시에 그들의 여러 문제의 상호관계적인 위치를 포함하여 커다란 예술론체계를 수립하였다. 두 번째의 특색은 예술을 보는 사람의 입장에서가 아닌, 만드는 사람의 입장에서의 이해를 중요시하였다. 여기서 만드는 사람이란 건축의 경우에는 건축가의 입장에서가 아니라, 실제로 노동에 종사하는 직공의 입장을 의미한다. 그는 예술과 그 감상자와의 관련보다는, 예술과 그 생업에 종사하는 노동자와의 관련에 관심을 두면서, 예술과 사회와의 관련은 바로 노동자와의 관련에 있다고 생각하였다. 그에게

그림13 존 러스킨(John Ruskin, 1819-1900)

있어 정교한 조각이 반복되어 구성된 그리스 건축은 노예예술이었으며, 조잡하고 거칠지만 다양한 조각을 지닌 고딕건축은 노동자의 자유로운 창조의 기쁨의 표현이기에 이는 민중의 건축이며, 바로 진실된 예술이라 하였다.

그의 건축론은 건축내부에 있는 문제에 관한 것, 그리고 건축과 그 외부와의 관련이라는 문제로 나눌 수 있다. 전자는 과학성, 실용성, 형태 및 색채로 나누어지며, 후자는 종교, 도덕 및 사회와 건축과의 관련을 두고 있다. 그는 건축에 있어 도덕적 윤리를 요구하였다. 이러한 사상은 그의 유명한 저서인 『건축의 7등(Seven Lamps of Architecture, 1849)』에서 희생, 진실, 힘, 미, 생명, 기억, 순종의 7가지의 덕목으로 설명되고 있다.

러스킨의 충실한 추종자라 할 수 있는 모리스는 대학에서는 신학을 공부하였지만 시와 예술 공예에 흥미를 두었다. 그는 근대예술의 지도자인 러스킨에 많은 영향을 받아 중세건축, 특히 고딕건축에 관심을 두었으며, 화가수업에 몰두하게 되었다. 예술과 수공예운동의 창시자이며 근대예술의 지도자인 모리스는 산업혁명에 의한 기계인간적인 논리를 거부하고 수공예에 의한 노동의 즐거움을 맛보면서 노동에 참가해야 한다는 노동예찬론자였다. 그는 "예술이란 노동을 통하여 느끼는 기쁨의 표현이다"라고 정의하고 "진정한 예술은 반드시 창조자와 사용자 모두에게 기쁨을 줄 수 있는 것으로 대중에 의해 만들어지고 대중을 위해 존재한다"라고 주장하고

그림14 윌리엄 모리스(William Morris, 1834-96)

그림15 윌리엄 모리스(William Morris)가 디자인한 벽지, 1896

있다. 예술에 대한 그의 개념은 중세의 작업 상황에 대한 지식에서 출발한 것으로 19세기 역사주의(Historicism)의 단편이라 하겠다. 러스킨의 예술론이 체계적이며 논리적인 것이라면 모리스의 예술론은 정열적이며 감수성이 풍부한 성격을 띠고 있다. 모리스는 소수를 위한 건축을 부정하면서 일반대중을 위한 대중예술을 추구하였다. 이것은 그가 서민주택의 연구, 특히 민중을 위한 건축에 몰두하였다는 것이다. 하지만 러스킨과 같이 기계생산을 거부하고 수공업을 존중하였기 때문에 귀족적으로 흘러 버리는 경향도 있었다. 비록 모리스의 꿈은 실현되지 못하였지만 그는 응용미술의 선각자였으며, 건축을 생활과의 관계로 이해하였다는 점에서 근대건축의 효시자라 하겠다.

그의 대표작이며 근대건축사에서 중요한 위치를 차지하고 있는 작품인 붉은집(Red House; Bexley Heath, Kent)은 1859년 자신의 주택을 친구인 필립 웹(Philip Webb)의 설계에 의해 런던 근교에 세워졌다. 적벽돌로 이루어진 벽과 붉은기와의 지붕의 외관 때문에 이름지어진 붉은집은 과거의 궁전건축의 모방에서 벗어나 붉은 벽돌을 그대로 노출시키면서 구조체의 모습을 그대로 노출시키고 있다. 외관은 대칭법을 사용하지 않고 내부의 기능을 그대로 표현하였다. 평면은 L자형이며, 창은 원이나 아치의 사용으로 자유로워지기는 하였지만 고딕풍의 포인트 아치나 첨탑의 모티브 등은 중세의 분위기가 남아있다. 급경사의 지붕과 실내장식이 억제된 붉은 집은 신선한 느낌을 준다.

모리스의 예술론은 이상 언급한 바와 같이 거의 러스킨의 이론을 기반으로 하고 있으나 러스킨만큼 구성적이 아닌 단편적이며, 논리적이기보다는 직관적이었다. 그러나 러스킨이 너무도 현학적이었다는데 반하여 모리스는 보다 평이하며 열정적이

그림16 윌리엄 모리스(William Morris), 붉은집(Red House), 1859

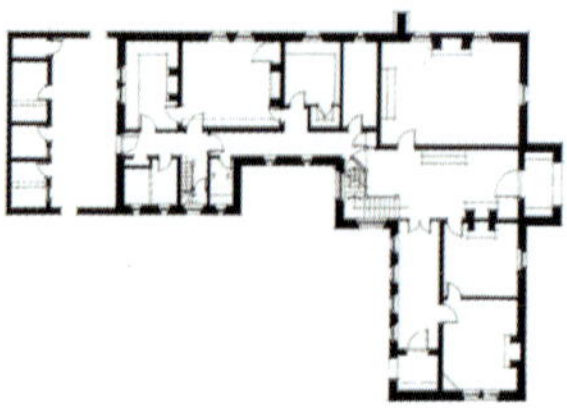

그림17 붉은집(Red House) 평면도

었기에 설득력이 있다고 할 수 있다.

그는 예술을 위한 예술이라든가, 일부의 감상가만이 이해할 수 있는 예술에 대해서는 강력히 부정하였으며, "예술은 민중에 의해 민중을 위해 만들어져야 하며 노동자의 기쁨의 표현이다"고 규정하고 있다. 이러한 민중예술이 꽃핀 과거의 시대는 고딕이며, 장래 다시 민중의 예술을 꽃피우기 위해서는 사회혁명을 일으키어 공산주의가 되어야한다고 주장하였다.

그러나 러스킨과 모리스의 예술론의 치명적인 오판은 예술생산에 있어서 기계사용과 분업에 반대하였으며 수공업에 의해야 한다는 점이었다. 그들은 기계사용과 분업이란 노동자로부터 노동의 즐거움을 배제하면서 자본주의의 생산성만을 강조하는 것이라고 보았다. 그리고 이러한 결과가 결국에는 노동자를 노예적 상태로 만들어 버린다는 것이다. 그러나 근대문명의 발전은 기계사용을 저버릴 수는 없다는 점에서 그들의 이론이 결정적으로 부정되게 되는 데에는 이러한 근본적인 이유가 있었다.

1.2 수공예운동의 영향

모리스의 사회사상은 꼭 많은 사람들의 지지를 얻은 것은 아니지만 그의 공예작품은 많은 사람에게 매혹을 주게 되어 그의 공예론도 서서히 보급되게 되었다. 미술공예전람협회(Arts and Crafts Exhibition Society)는 그와 동조하는 공예가들에 의해 조직되어 구미대륙에 크게 영향을 끼치게 된다. 이를 바로 수공예운동(Arts and Crafts Movement)라 불리며, 이는 유럽대륙에 많은 영향을 끼치게 되며 계속하여 아르누보(Art Nouveau)로 발전하게 된다.

그림18 찰스 프란시스 앤슬리 보이시(Charles Francis Annesley Voysey), Perrycroft, 1893

모리스에 이어 영국의 주택건축에 새로운 기운을 부여한 건축가로서 찰스 프란시스 앤슬리 보이시(Charles Francis Annesley Voysey, 1857-1941)가 있다. 그의 작품들 중 목장장(The Pastures)으로 불리는 주택에서는 간소하고 전혀 양식에 구애받지 않은 모리스의 이상을 발전시키고 있다. 또한 그의 자택인 과수원장(The Orchard)에는 모양 벽지나 천장에 장식을 전혀 사용하고 있지 않으며, 장식이라 불리는 건축세부는 일체 배제되고 있다. 수평선과 수직선이 간소하게 지배하고 있어 근대적 건축조형에의 확실한 출발을 엿볼 수 있다.

모리스의 작품은 고딕양식에서 벗어나지 못하고 있으나, 보이시는 공예나 주택에 있어서 보다 현대에 가까운 모습을 띄고 있다. 그가 모리스로부터 계승한 것은 수공업적인 디자인의 청결함과 정직함에 있다. 그의 주택설계는 많은 사람의 호응을 얻으며 영국전반에 퍼져가며 나아가서는 무테지우스에 의해 독일에 전파되어 후에 독일공작연맹운동의 기반이 된다.

모리스의 후계자로서는 발터 크레인(Walter Crane, 1845-1915), 리챠드 노먼 셔우(Richard Norman Shaw, 1831-1912), 윌리엄 리차드 레더비(William Richard Lethaby, 1857-1931), 챨스 로버트 아쉬비(Charles Robert Ashbee, 1863-1942) 등을 들 수 있으며, 아쉬비는 "근대문명은 기계에 의존하고 있으므로 이를 이해하지 않고서는 예술교육을 올바르게 진흥시킬 수 없다. 따라서 중세의 장인기술을 지양하여야 한다"고 주장함으로서 공업의 필요성을 최초로 이해한 건축가이다.

그림19 찰스 프란시스 앤슬리 보이시 (Charles Francis Annesley Voysey), 과수원장(The Orchard), 1899-1900

2. 아르누보 (Art Nouveau)

2.1 새로운 건축과 장식

19세기 말 유럽대륙에서 시작된 것으로 보이는 아르누보(Art Nouveau)는 두 가지 시대적 배경에서 이루어졌다.

첫째는 정신적인 측면으로, 19세기 중엽까지 팽배하였던 실증주의는 이후 비합리적인 것에 대한 중요성을 강조하는 것으로 바뀌었으며, 이는 예술에 있어서도 과거의 사실주의적 사조에서 탈피하려는 경향이 있었다. 이는 궁극적이고 확신적이며 객관적인 진리에 대한 신념이 무너지기 시작함을 의미하고 있다.

역사도 환경에 따라서 그 양상이 달라지며 역사의 서술은 우리 자신의 시대적 소산이고 과거의 사건이나 행위에 관한 우리의 이해력은 우리가 이 사건이나 행위를 경험함으로서 참가자로서 사상을 재편성할 수 있는 정도에 달려있다고 보았다.

19세기 말에서 20세기 초 사이의 사상적 경향은 인간성이 가진 본능적 측면을 이해하는 것이 중요한 것으로 강조되면서 인간 행동의 비밀을 푸는 열쇠는 합리적 이유보다는 그 정서나 잠재욕구에 있다고 지적되기 시작하였다.

그림20 C. Monet, 인상(Impression)-일출(Sunrise), 1872

그림21 E. Munch, 절규, 1893

다른 하나는 산업혁명에 따른 산업화와 기계화에서 생겨난 불안의 문제와 공산품에서 나타나는 추악함에서 벗어나려는 영국의 움직임이다. 이는 모리스에 의해 주창된 『수공예운동』을 통한 장식예술이나 응용예술의 개혁의 기운을 말하는 것이며, 19세기 말에 이르러서는 대륙에도 영향을 미치기 시작하였다.

이와 같이 탈산업 사회적 경향과 비합리적인 정신영역으로의 복귀라는 새로운 움직임은 19세기 말까지 유럽대륙에서 가장 산업이 발전한 벨기에의 브뤼셀에서 『아르누보』라는 예술의 신기운이 조성될 수 있도록 하였다.

2.2 아르누보 건축

『아르누보(Art Nouveau)』란 『새로운 예술』이라는 뜻으로 프랑스 파리를 중심으로 유럽에 널리 퍼진 운동이다. 이는 자연주의적이고 유기적인 형체를 구사했던 장식미술, 회화만이 아니라 건축과 디자인도 포함하였다. 그러나 모든 나라가 추구하려는 경향은 같았지만 역사주의와 합리주의 중간에서 시대성을 갖지 못하면서 국가와 개인적인 특성으로 인해 서로 다른 이름들을 사용하면서 발전하게 되었다. 이러한 상황은 아르누보 양식이라고 인식되는 건축물들이 서로 다른 형식을 취하도록

그림22 H. Matisse, 모자를 쓴 여인 (Woman with the Hat), 1905

그림23 G. Climt 작품사진,

10) 『아르누보의 시작』에 있어서는 여러 가지 의견이 있으나, 펩스너(Pevsner)는 아르누보가 1880년대 영국에서 시작되었다고 하고 있다.

11) 1896년 Jugend라는 잡지가 발간되는데 이 명칭이 독일의 새로운 건축 운동의 명칭으로 된다. 1897년 4월에 무엇인가 새로운 것을 지향하는 젊은 작가들의 모임이 결성되는데 주요 인물로는 아우구스트 엔델(August Endel, 1871-1925), 피터 베렌스(Peter Behrens, 1868-1940), 오토 엑크만(Otto Eckmann, 1865-1902), 헤르만 오브리스트(Herman Obrist, 1863-1927) 등이 참가하였다. 영국의 매킨토시의 영향으로 미국의 셜리반(시카고派)과 함께 독일에서 일어나 아르누보의 하나의 장르이다.

하였으며, 결국에는 하나의 국제적인 양식으로 발전되지 못하게 된 이유가 되었다.

아르누보는 1883년에 발간된 맥무르도(A.H.Mackmurdo, 1851-1942)의 크리스토퍼 웬(Christopher Wrens)의 『Wren`s City Churches』의 책장정에서 시작되었다.[10] 아르누보는 1892년과 1894년 사이에 예술의 중심 벨기에의 브뤼쉘에서 시작되어 빅터 오르타(Victor Horta, 1861-1947)의 타셀(Tassel) 저택(1893), 앙리 반 데 벨데(Henri Van de Velde, 1866-1938)의 우크레(Uccle) 자택의 실내장식과 같은 새로운 구성요소의 출현이 그 시발점이 되었으며, 19세기 말에는 유럽 전역에 걸쳐 널리 퍼지게 된다. 미국에서는 루이스 설리번(Louis Sullivan)에 의해 소개(Auditorium Building)되지만 설리번 이후 계속 지속되지 못하였다.

1895년에서 20세기 초엽에 거쳐 아르누보는 프랑스와 벨기에를 중심으로 대성황을 이룬다. 1895년에는 르친(Le Cing)이라는 그룹이 생기며, 후에 챨스 플루멧(Charles Plumet, 1861-1925)이 참가하면서 레식(Lessix)으로 명칭이 바뀌게 되었다. 이들은 『대중을 위한 예술(L`Art daus tout)』이라는 전람회를 통하여 아르누보의 스타일을 대대적으로 퍼지게 하였다. 독일에서는 원래 뿌리 깊게 자리 잡고 있는 과학성 때문에 아르누보 운동은 오래 지속되지 못하였으며 그 실적도 또한 적다. 그러나 이 새로운 양식은 약간 의미가 새로운 유켄트스틸(Jugendstil)운동[11]으로 독일에서 발전하게 된다. 또한 이는 독일공작연맹을 일으키게 되며, 이를 계기로

그림24 A. H. Mackmurdo, Wren's City Churches의 표지디자인, 1883

그림25 빅터 오르타
(Victor Horta, 1861-1947)

유럽 여러 나라에서는 이와 유사한 운동이 전개되어 갔다.

아르누보의 특성을 보면, 공예상의 자연주의로서 주로 길고 섬세한 곡선, 환상적인 백합줄기, 구불거리는 식물 모양 등의 곡선적이며 생명력 있는 조형적 양식으로 일컬어진다. 장식성의 양식미를 주체로 창조된 공예형태로서 아르누보는 건축은 물론 실내장식, 공예, 상업미술, 조각, 회화, 장신구 등 모든 예술에 있어서 폭넓게 영향을 주었다. 아르누보의 조형은 볼륨보다는 면을 우선으로 하고 있으면서 물체를 강조하기보다는 작가의 주관을 2차원적으로 표현함으로서 시각적인 형태를 더욱 중요하게 여기고 있다.

아르누보 예술은 주로 철과 유리를 사용했다는 점에서 공업사회의 예술이지만 근본적인 개념에 있어서는 산업혁명에 의한 공업사회의 문화를 부정하고 있다. 아르누보는 글자 그대로 확실히 새로운 것이기는 하였지만 운동으로서는 너무 보수적이며 사회적인 대응에 실패함으로서 합리적인 건축 속에서 소멸되어갔다.

아르누보는 결코 성공적이었다고는 말할 수 없지만, 과거 양식주의의 귀족사회에서 무양식과 대중들이 주체가 되는 현대사회로 넘어오는 중간과정의 과도기적 역할을 했다는데 의의가 있다.

시간이 흐르면서 아르누보는 장식 과잉의 매너리즘에 빠지면서 세기말적 악취미라고 비난을 받기도 하였지만, 동시에 세대가 바뀐 후 활발한 재평가를 받으면서 아르누보의 장식적·상징적 표현의 고취는 현대에 이르는 디딤돌로도 인정되었다.

그림26 빅터 오르타(Victor Horta),
타셀(Tassel) 저택, 1893

그림27 앙리 반 데 벨데(Henri VAn de Velde),
우크레(Uccle) 자택의 가구디자인, 1895

그림28 앙리 반 데 벨데 (Henri VAn de Velde, 1866-1938)

3. 아르누보의 의의

아르누보는 거의 10여 년간 회화, 조각, 건축뿐 아니라 시각디자인 잡지와 책의 삽화, 가구, 섬유, 유리잔, 세라믹 등의 디자인, 심지어 여성들의 패션 등에도 침투해 들어갔고 대중적인 면에서 그것은 비교적 무명의 많은 화가와 장인들에 의해 행해졌다. 20세기 예술의 개척자들 중 그 형식과 아이디어에 의해 영향을 받지 않은 이들은 거의 없을 것이다. 아르누보의 뒤를 이어 등장한 표현주의와 큐비즘은 그 계보를 이어가는 대표적인 사조의 하나로서, 큐비즘은 아르누보를 초월하려는 노력 속에서 새로운 양식을 만들려고 했다.

한편 아르누보와 직접적인 계보라 할 수 있는 표현주의는 아르누보의 이국적이면서 신비주의적인 면과 자유로운 곡선, 새로운 재료의 사용 등 여러 요소들을 계승해가고 있었다. 낭만적이고 개인적이며 반역사주의적인 아르누보운동의 영향을 받은 유기주의 역시 아르누보의 또 다른 흐름이라고 볼 수 있다.

아르누보는 적극적인 장식의 사용과 형태에 있어 개인적이며 상징적이고 심미주의적인 탐구를 추구하는 경향이 있으며 부분적이지만 합리적이고 종합적이다. 또한 아르누보는 이후에 모더니즘의 탈 장식과 기하학적 추상주의를 통한 지적인 탐구의 경향으로 나타난다. 또한 비엔나의 『아방가르드(Avant Garde)』 운동에 영향을 주었으며, 비엔나 분리파 운동은 곡선적인 아르누보 양식에서 벗어나 직선적인 기하학적 양식으로 발전됨으로써 바우하우스의 기하학적 다자인에 이르는 역사적인 발전단계로 평가된다.

아르누보의 예술이 비록 짧은 생애로 아쉬움을 남긴 채 사라졌음에도 불구하고, 시대적으로 볼 때 건축뿐 아니라 타 분야에서도 장식을 디자인적 요소로 인식시켜 주었다는 점에서 그 의의가 있다.

3. 국가적 낭만주의(National Romanticism)

3.1 지역주의와 국가적 낭만주의

세기 전환기 전반에 있어서 유럽에서는 지역주위가 팽배하였다. 이것은 특정지역의 지역적 특성과 기후, 그리고 문화와 관련되어 있으며 국가적 신념들과 영토적 영속성과도 연관을 가지면서 산업주의와 보자르풍의 고전에 대한 반응이라고 할 수 있다. 그 당시에 있어 러스킨과 비올레 르 뒥의 건축예술론은 이러한 지역주의의 확실성을 부가시켜주었다.

19세기 건축에 있어서 이념적인 사고는 매우 중요하였다. 그러나 어떠한 『이념』이 지역주의에 뿌리를 둔 건축을 한정하기에는 그 특성이 매우 다양하였다. 19세기의 경우에는 독자적으로 생성되는 시대 고유의 양식이 아닌 지역적 전통과 과거의 양식에 관한 측면을 강조하고 있었다. 또한 건축가들은 자신들의 건축을 성립시키는 풍토적·문화적 전통을 강하게 의식하고 있었다. 이러한 경향은 세기의 전환기에 직면한 유럽의 여러 지역에서 나타나게 되었다.

스페인에서는 안토니오 가우디(Antonio Gaudi, 1852-1926)가, 스코틀랜드의 글라스고에서는 찰스 레니 매킨토시(Carles Rennie Mackintosh, 1868-1928)가, 그리고 네덜란드에서는 암스테르담파로 불리는 건축, 핀란드에서는 엘리엘 사리넨(Eliel Saarinen,1873-1950)이 각각의 지역적·문화적 전통에 의한 동질성을 바탕으로 건축을 구현하였다. 이러한 동질성은 국적과는 항상 일치하지 않았을 뿐만 아니라, 문화적 영역이나 국가 영역 내에서도 항상 일치하는 것이 아니었다.

국가적 낭만주의는 1890-1910년 전후의 시기에 이와 같이 각기 다른 지역적 전

12) 건축에서 고전주의라고 하는 경우는 그 의미가 매우 넓게 사용된다. 일반적으로 그리스나 로마 건축을 위시하여 르네상스 건축에서 재차 나타나는 양식전체를 의미하며, 여기서는 르네상스 이전의 건축을 의미한다.

통과 과거적 양식에 의하여 지어진 건축을 언급하기 위한 것이다. 그러나 국가적 낭만주의 건축은 결코 지역주의와 고전주의[12]에서 존재하였던 것에 대한 모방이 아니었다. 이는 주관적이며 상대적이고 다양한 19세기의 양식에 대한 객관적 양식화를 위한 것이었다. 명확히 말하면, 자국 건축의 근대화 의식에 있어서 건축가들이 역사적 양식과 지역적·문화적 전통에 대한 재인식의 중요성을 바탕으로한 건축의 근대화 의식에 대한 결과로서 국가적 낭만주의(National Romanticism)는 만들어졌다.

3.2 국가적 낭만주의 건축

국가적 낭만주의 건축은 지역적인 특색과 문화적 전통을 기반으로 이루어진다.

스페인 건축에 있어서 가우디는 중세 형태의 은유적 변형과 옛 신화의 지적인 해석 그리고 지역 풍경의 기억들을 자신의 건축에 반영하였다. 가우디는 지역적 영역에 있어 바르셀로나와 그 주변 지역은 물론 스페인이 아닌 지중해의 일부를 포함하고 있으며, 문화에 있어서는 아랍과 아프리카의 영향 또한 인정하고 있었다. 이러한 그의 문화적 독자성은 작품 속에서 까딸로니아(Catalonia) 지역의 구조적 원형과 벽돌과 도기를 이용한 건설기술, 바르셀로나(Barcellona)의 전통을 계승하고 있다.

그림29 안토니오 가우디(Antonio Gaudi), 사그라다 파밀리아(Sagrada Familia), 1884-현재

그림30 사그라다 파밀리아(Sagrada Familia) 내부

13) 1883년 비야르가 네오고딕양식으로 설계가 진행되는 사그라다 파밀리아를 인계받아 모든 설계를 가우디 자신의 방식으로 바꿔 그의 대표작으로 만들어짐.

14) 12세기에 성한 건축양식으로 옛 로마의 건축양식을 계승하고 있다. 주 건축요소로는 교차부의 반원형의 아치가 있으며, 전체적으로 중후하며 내부는 어둡다.

1884년에 건설되기 시작된 사그라다 파밀리아(Sagrada Familia)[13]에서 보이는 불룩하고 오목한 형태의 볼트구조는 특유의 까딸로니아 볼트에 내화성을 위한 철근 콘크리트와 결합된 것이다. 이는 바르셀로나 지역의 산업건축물에 쓰인 볼트구조의 연구를 통하여 이루어 진 것이다. 사그라다 파밀리아 구조에서 보이는 포물선에 의한 공간의 다양성은 꼴로니아 뀌엘(Colonia Güell) 예배당에서도 나타난다. 포물선을 그리는 볼트구조로 만들어진 공간은 가우디 예술의 환상과 현실, 주관과 과학 그리고 정신적인 것과 물리적인 것의 조화에 의한 신성하고 숭고한 공간으로 인식된다.

그리고 1900년부터 1914년 사이에 완공된 뀌엘 공원(Park Güell)에서의 채색타일과 물결모양의 전체적인 건축적 구성은 지중해의 경관을 나타내고 있다. 이러한 그의 지역적이고 자연주의 형태의 건축은 집합주택단지인 까사 바뜰로(Casa Batlló)와 까사 밀라(Casa Milá)에서도 잘 보여 지고 있다.

네덜란드 국가적 낭만주의는 헨드릭 페트루스 베를라헤(Hendrick Petrus Berlage, 1856-1934)를 기점으로 암스테르담학파와 함께 나타나게 되었다. 항상 새로운 형태에 관심이 많은 베를라헤는 1898년에 암스테르담 증권거래소를 위한 설계 경기에 당선되었다. 암스테르담 증권거래소는 석재와 벽돌이라는 전통적인 건축재료를 이용한 실용적인 건물로서 로마네스크 양식을 연상케 하고 있다. 그러나

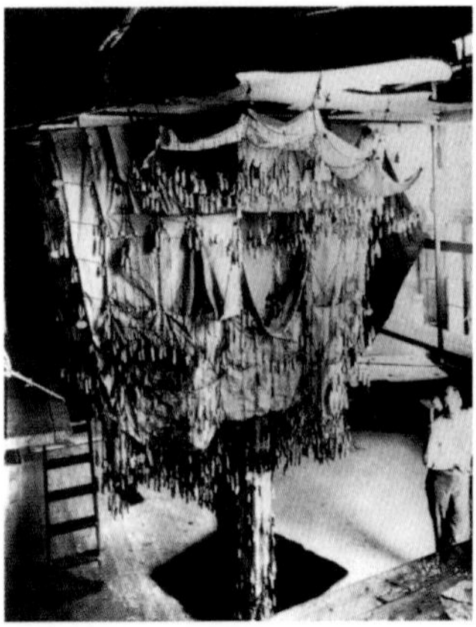

그림31 안토니오 가우디(Antonio Gaudi),
꼴로니아 뀌엘(Colonia Güell) 성당내부,
1885-89

15) 이탈리아산의 화려한 장식용 도기.

그림32 헨드릭 페트루스 베를라헤 (Hendrick Petrus Berlage, 1856-1934)

이는 과거 양식의 단순한 모방이 아닌 자유로운 조형성을 가지고 있다. 특히 철골구조에 의한 증권거래소의 메인 홀 상부에서 보여 지는 철골구조의 지붕과 내부와 외부에 스토코 벽면처리를 하지 않은 벽돌로 이루어진 입면에서는 이러한 자유로운 조형성을 잘 보여주고 있다. 벽은 단순한 사무소 건물의 입면을 가졌으며, 입면의 처리에 있어서는 창문과 벽이 동일면으로 처리되는 등 오늘날의 사무소 건축 자체라고 할 수 있다. 평탄한 입면에 있어 분절은 정방형의 홈통과 창문의 문턱에 의해서만 이루어져 있다. 베를라헤는 신중함과 부드러움을 주기위해 몇 가지 다른 재료들을 사용하였는데 마졸리카[15]와 화강석 그리고 지주의 주두에 사용된 다양한 밝은 채색의 돌들이 그것이다. 이러한 평평한 면의 입면구성 방식은 그 후 네덜란드뿐만 아니라 다른 곳에서도 새로운 원칙으로 자리 잡게 되었다.

암스테르담학파는 베를라헤의 재료 사용방법을 발전시켜 나갔다. 피터 크라머, 미하엘 디 크레르트를 중심으로 하는 암스테르담 학파의 건축가들은 공공주택에 네덜란드 전통 벽돌을 사용하면서 표현주의적인 조형과 경험주의적 수법을 병행하였다. 그들은 한때 베를라헤를 초월하려는 의기를 보인적도 있었으나 네덜란드 건축의 커다란 흐름 속에서 볼 때, 이는 네덜란드의 문화적 전통의 연장선상에서 근대건축을 구축해 가려는 의지로 보여 진다. 데 스틸(De Stijl)파 라고 불리는 기하학적 구성의 건축은 베를라헤의 전통으로부터 나타나게 되는데, 그 근원에는 베를라헤와

그림33 헨드릭 페트루스 베를라헤 (Hendrick Petrus Berlage), 암스테르담 증권거래소(Stock Exchange, Amsterdam) 메인 홀, 1897-1904

그림34 암스테르담 증권거래소 벽면디자인

그림35 챨스 레니 매킨토시 (Charles Rennie Mackintosh), 글라스고 예술학교(Glasgow School of Art), 1897-1909

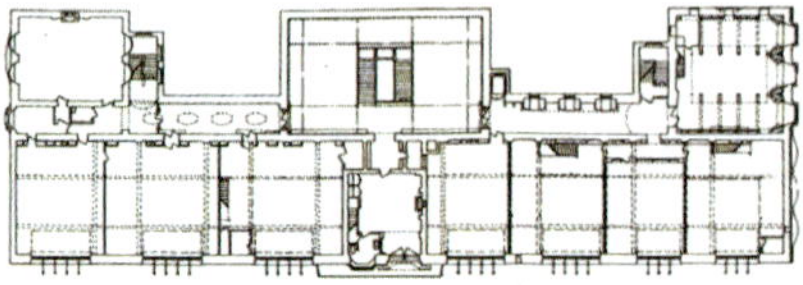

그림36 글라스고 예술학교(Glasgow School of Art) 1층 평면도

같은 존재가 있었기에 가능한 것이었다.

스코틀랜드에서는 글라스고(Glasgow)학파라고 불리는 특이한 조형을 나타내는 작가들을 중심으로 국가적 낭만주의가 자리를 잡았다. 스코틀랜드 근대건축에 있어서 독자적인 선구자인 챨스 레니 매킨토시의 작품들의 장식들에서는 추상적이면서도 게르만적 상징과 켈트적인 요소들이 많이 보여 진다. 그의 건축 출발점은 글라스고 예술학교의 신교사 건설을 위한 설계경기에 당선함으로서 시작된다. 글라스고 예술학교 건물은 매우 가파른 경사면에 세워지도록 되어있었으며, 몇 개의 스튜디오, 강당, 도서실, 교장실 및 교장용 아틀리에 등의 기능들이 포함되어져 있다. 건축적 요소에 있어서는 면이 접힌 석재 보강에 의해 고정된 반짝이는 새장 형태의 금속판이나 단순한 목재 격자창

그림37 글라스고 예술학교 (Glasgow School of Art) 도서관 내부전경, 1897-1909

그림38 챨스 레니 매킨토시
(Charles Rennie Mackintosh, 1868-1928)

이 주를 이루고 있으며, 굴뚝, 강재 브래킷 등과 같은 다른 기능적인 요소들은 완고하고 솔직하게 다루어지고 있다. 여기에는 주의를 산만하게 하는 기교적인 과장 없이 요소들 스스로에 대한 집중만이 존재하고 있다. 건물의 측벽은 마치 교묘하게 분절된 석조면의 커다란 확대처럼 대지의 낮은 쪽을 향해 흘러 내려가면서 스코틀랜드의 호화주택이나 이 지방의 농가에 대한 작가의 관심을 보여준다.

그의 작품은 자신의 부인인 마가레트 맥도날드(Margaret Macdonald)의 화풍에서 보이는 것과 같이 곡선적 추상성을 출발점으로 하고 있는데, 그 곡선은 우아하고 날씬하게 연장되어지며, 긴장감의 직선으로 전개된다. 글라스고 근교에 세운 윈디빌딩(1899)이나 힐 하우스(Hill House, 1902-03) 등의 주택에서는 이러한 곡선과 직선의 경계를 풀어준 절묘한 디자인을 볼 수 있다.

국가적 낭만주의 건축은 북유럽 국가들에서 보다 강하게 나타났다. 이는 지리적인 차이에 의한 것이며, 마르틴 니롭(Martin Nyrop, 1849-1921)에 의한 코펜하겐 시청사(The Copenhagen Tower Hall)에서 보이는 중세와 현대적 절충주의가 그 대표적인 예라고 할 수 있다. 또한 라그나르 오스트베리(Ragnar Ostberg, 1866-1945)에 의한 스톡홀름 시청건물(The Stockholm Toen Hall)은 도시유형학적 측면에서 볼 때, 역사적 공공건축물들이 주요한 도시들에서 볼 수 있는 단순화 된 절충주의의 예이다.

그림39 마르틴 니롭(Martin Nyrop), 코펜하겐 시청사 (The Copenhagen Tower Hall), 1892-02

그림40 라그나르 오스트베리(Ragnar Ostberg), 스톡홀름 시청건물 (The Stockholm Toen Hall), 1909-23

그림41 엘리엘 사리넨
(Eliel Saarinen,1873-1950)

그러나 건물의 매스와 세부디테일에 있어서 스웨덴의 지역적 전통이 깊게 내재되어 있음을 볼 수 있다. 핀란드에서는 엘리엘 사리넨이 1904년 헬싱키역 설계경기에 당선되었다. 그는 석재 질감을 사용하여 낭만주의적 성격의 입면을 제안하였다. 그는 북유럽 건축의 전통적 양식을 재발견하고자 함과 동시에, 과거 건축양식에서 벗어난 건축을 하고자 하였다. 후에 그는 그의 아들인 Eero Sarrivan(1910-61)과 미국으로 이주하여 활동을 계속하게 되는데 미국의 고층빌딩에서도 일석을 던지는 계획안으로 1922년의 시카고 트리뷴 설계경기 응모안(2등)을 통하여 주목받게 되었다.

3.3 국가적 낭만주의의 의의

20세기 초반에 생겨난 국가적 낭만주의는 과거의 각 시대마다 존재해왔던 양식과는 그 의미가 다르다. 이는 각각의 지역과 시대에서의 건축적 전통이라는 측면에 기반으로 생겨났다는 데에 그 의의가 있으며, 이에 따른 다양한 양식들의 공존에 대한 것을 말하기 위함이라 볼 수 있다.

국가적 낭만주의는 지역주의 건축에 대한 인식을 양식화 하였으며, 이러한 지역주의를 바탕으로 활동하는 건축가들로서 가우디, 베를라헤 그리고 사리넨 등 그들의 건축적 특성을 건축역사와 연관성을 갖으면서 평가될 수 있도록 하였다.

세기 전환기의 국가적 낭만주의 사상은 1920년대까지 활기차게 남아있으면서 미

그림42 엘리엘 사리넨(Eliel Saarinen),
헬싱키역(HElsinki Railway Station),
1904-14

그림43 알바 알토(Alvar Aalto),
공과대학 아트리움홀(Atrium Hall in the Techinical Univ), 1933

국의 중서부와 남서부 지역에도 부분적으로 영향을 미쳤으며, 20세기에는 다른 형태로써 재등장하게 된다. 특히 핀란드 건축가인 알바 알토(Alvar Aalto, 1898-1976)는 건축에 있어서 기능주의의 기하학과 수학 원리를 사용하기보다는 스칸디나비아 반도의 문화를 바탕으로 하는 지역의 자연과 풍토, 그리고 인간적인 감성을 지닌 형태로 근대건축과는 다른 독자적인 건축으로 유기주의 건축을 만들어 나갔다.

토니 가르니에 Tony Garnier · 토마스 램 Thomas Lamb
nard Fontaine · 피에르 샤로우 Pierre Chareau · 피에트 몬드리안 Piet Mondrian
필립 존슨 Philip Johnson · 한네스 마이야 Hannes Meyer
루스 베를라에 Hendrick Petrus Berlage · 헨리 러셀 히치콕 Heney-Russell Hitchcock · 헨리 홉
Guido Frette · 까를로 스카르파 Carlo Scarpa · 까를로
단크마어 아들러 Dankmar Adler · 데니스 크롬튼 Dennis Crompton
ond Hood · 루돌프 쉰들러 Rudolph M. Schindler · 리처드 노먼 쇼 Richard Norman Shaw
마리오 키아토네 Mario Chiattone · 마이크 웹 Mike Webb
iss van der Rohe · 미하엘 디 크레르트 Michael de Klerk · 미첼 데 클럭 Michel de Klerk
runel · 브루넬리스키 Brunellesch · 브루노 제비 Bru
Semper · 구스타프 에펠 Gustave Eiffel · 귀도 프레떼 Gu
다니엘 리벤스킨 Daniel Libeskind · 다니엘 번햄 Daniel H. Burnham
-Nagy · 레오 본 크렌체 Leo von Klenze · 레이먼드 후드 Raymond Hood
tin Roche · 마리오 보타 Mario Botta
만푸레도 타푸리 Manfredo Tafuri · 맥크무르도 A. H. Mackmurdo
발터 그로피우스 Walter Gropius · 발터 크레인 Walter Crane
루베트긴 Berthold Lubetkin · 브세블로드 마이어홀드 Vsevolod Meyerhold · 블라
bastiano Larco · 스탠포드 화이트 Stanford White · 아나똘 드 보도 Anatole d
아우렐리오 갈페티 Aurelio Galfetti · 안토니오 가우디 Antonio Gaudi · 안토
hannes Pieter Oud · 어거스트 페레 Auguste Perret · 어니스트 랜섬 Earnest Ransome
as Ungers · 오스카 슐레머 Oskar Schlemmer · 오토 바트닝 Otto Bartning
요아네스 브린크만 Johannes Brinkmann · 우발도 카스타뇰리 Ubaldo C
스 William Morris · 윌리엄 반 알렌 William van Allen · 윌리엄 르 바론 제니 William Le Baron Jenny
제임스 스털링 James Stering · 조르죠 그라시 Giorgio Grassi
존 미드 하웰스 John Mead Howells · 죠셉 팩스톤 Joseph Paxton
bert Ashbee · 찰스 무어 Charles Moor · 찰스 프란시스 앤슬
칼 프리드리히 쉰켈 Karl Friedrich Schinkel · 커티스 William J. R. Curtis
텍톤 Tecton · 토니 가르니에 Tony Garnier · 토마스 램 Thomas Lamb
프랭크 로이드 라이트 Frank Lloyd Wright · 프리츠 헤이거 Fritz H?ger
Peter Einsenman · 피터 쿡 Peter Cook
plain · 헤르만 무테지우스 Hermann Muthesius · 헤르만 오
세볼로드 마이어홀드 Vsevolod Meyerhold · 블라디미르 타틀린 Vladimir Tatlin
아나똘 드 보도 Anatole de Baudot · 아달베르토 리베라 Adalberto Libera
안토니오 상텔리아 Antoni Sant'Elia · 알도 로시 Aldo Rossi · 알렉산데르 베스
ome · 에로 사리넨 Eero Sarrivan · 에릭 멘델존 Erich Mendelsohn
오토 엑크만 Otto Eckmann · 오토 와그너 Otto Wagner
aldo Castagnoli · 움베르토 보쵸니 Umberto Boccioni · 워렌 초크 Warren Chalk
윌리엄 리차드 레더비 William Richard Lethaby · 윌리엄 호라버드 William Holabird
제임스 스털링 James Stering · 조르죠 그라시 Giorgio Grassi
존 미드 하웰스 John Mead Howells · 죠셉 팩스톤 Joseph Paxton
bert Ashbee · 찰스 무어 Charles Moor · 찰스 프란시스 앤슬
zimir Malevich · 칼 프리드리히 쉰켈 Karl Friedrich Schinkel · 커티스 William J
토니 가르니에 Tony Garnier · 토마스 램 Thomas Lamb
nard Fontaine · 피에르 샤로우 Pierre Chareau · 피에트 몬드리안 Piet Mondrian
필립 존슨 Philip Johnson · 한네스 마이야 Hannes Meyer
루스 베를라에 Hendrick Petrus Berlage · 헨리 러셀 히치콕 Heney-Russell Hitchcock · 헨리 홉
Guido Frette · 까를로 스카르파 Carlo Scarpa · 까를로
단크마어 아들러 Dankmar Adler · 데니스 크롬튼 Dennis Crompton
ond Hood · 루돌프 쉰들러 Rudolph M. Schindler · 리처드 노먼 쇼 Richard Norman Shaw
마리오 키아토네 Mario Chiattone · 마이크 웹 Mike Webb
iss van der Rohe · 미하엘 디 크레르트 Michael de Klerk · 미첼 데 클럭 Michel de Klerk

III. 유기주의 건축

Organism Architecture

1. 유기주의 건축의 유래

1.1 유기주의 건축

추상주의와 구상주의는 인류문화에 있어 양극으로서 어느 시대에 있어서도 존재하였다. 예술을 위한 예술을 갈구하였던 유럽의 19세기에는 자연과 대상으로부터의 생명적인 표현과 인간적인 의미가 상실된 채 형태와 색만을 추구하는 구상주의가 강조되었다. 그러나 20세기에 이르러 기계의 아름다움이 인식되면서 추상주의는 자신의 주장을 확실하게 가지면서 나타나게 되었다. 윌헴 워링거(Wilhelm Worringer, 1881-1965)가 추상에로의 욕구를 공간에 대한 공포로부터 설명하였던 것과, 허버트 리드(Herbert Read, 1893-1968)가 추상적인 형태를 갖는 상징적인 힘과 무의식의 표현을 논한 점은 이러한 추상화의 경향을 중요시 여겼기 때문이다. 평면과 직각의 구성을 통한 건축의 추상화는 우선 스타일 운동으로서 네덜란드 화가들에 의해 시작되었다. 이러한 운동이 바우하우스교육에 받아들여짐으로서 그로피우스와 미스의 공업주의적 건축의 모태가 되었다. 또한 프랑스에서는 회화의 큐비즘(Cubism)과 함께 르 꼬르뷔제의 기하학 미학을 주장하는 건축이 나타났다. 제2차 세계대전 이후 미국경제의 번영을 따라서 실현되는 르 꼬르뷔제의 건축은 일본, 브라질과 같은 공업화가 늦어진 국가에 영향을 주었다. 그러나 이러한 건축의 기능주의와 국제주의는 형태의 빈곤함과 몰개성화로 지루해지기 시작하였다. 이는 형태의 변화와 색다른 분위기의 갈구와 함께 미국에서는 전통의 형태를 새롭게 추구하려는, 소위 네오 바로크 건축이 생겨나게 되었다. 이러한 분위기 속에서 루이스 설리번(Louis Sullivan)은 『형태는 기능에 따른다.(Form follows Function)』라는 유기적 조직으로서의 건축을 주장하였다. 그리고 이러한 그의 주장은 프랭크 로이드 라이트(Frank Lloyd Wright)의 내부와 외부공간의 유기적 연결을 통한 개성적 구조의 건축으로 발전하게 되었다.

1.2 안토니오 가우디(Antonio Gaudi, 1852-1926)

그리스, 로마, 고딕건축 등 여러 가지의 요소가 보이는 가우디의 건축은 19세기의 절충주의의 건축에서 행하여진 양식의 단순한 차용의 형태가 아닌, 자연의 유기적 성격을 추구하려는 자연주의적인 태도가 존재하고 있다. "자연은 신이 만든 건축이며, 인간의 건축은 자연을 배우지 않으면 안 된다"라고 주장하면서 가우디는 자신의 건축적 태도를 대변하였다. 가우디는 러스킨(John Ruskin)과 비올레 르 뒥(Viollet Le Duc)의 건축관을 체득하였으며, 괴테(Goethe)와 세익스피어(William Shakespeare)의 작품들을 탐독하였는데, 그의 건축관과 자연관은 이를 통하여 만들어졌다고 할 수 있다.

아르누보와 유겐트 스틸은 식물의 형태를 묘사하였으며, 흘러가는 듯한 곡선을 만들어내었는데, 이는 가구, 손잡이 등 장식적으로 건축을 취급하는데 사용되어진 새로운 양식이었다. 반면에 가우디의 경우는 건물 형태의 전체가 유기체와 같은 연

그림44 안토니오 가우디(Antonio Gaudi), 까사 밀라(Casa Milá), 1905-10

속체로 표현되어 있으며, 이는 복잡한 곡면을 통하여 표현되었다. 가우디는 평면과 직선, 직각을 가능한 피하였다. 까사 밀라(Casa Milá, 1905), 까사 바뜰로(Casa Batlló, 1907)에서도 출입구와 창의 구석진 곳은 모두 둥글게 하였다. 뀌엘 공원(Park Güell, 1914)에서 보여 지는 손잡이는 조개껍질과 같은 부정형이다. 아파트의 평면을 보면, 마치 현미경으로 본 식물줄기나 잎의 단면사진과 비슷하며, 계단실은 수직의 도관으로 되어있다. 이러한 평면 속에 각 실은 세포와 같이 가득 차 있다. 이것은 외부에서 기계적으로 방을 구획한 형태가 아닌, 공간을 내부에서 부풀리어 몇 개를 모은 형태인 것이다.

의자와 문의 장식에는 종려나무의 잎이나 용과 같이 자연 그대로의 형태를 나타내고 있는데, 이것들은 조각과 같이 형틀에 주입하여 만든 것이 아니라, 금속의 판과 봉, 망 등의 공작적인 재료를 조합하여 유기적인 형태로 구성된 것이다. 가우디는 이러한 주철의 그릴은 아르누보 이전에 만들어 진 것으로 이것은 바르셀로나의 전통적 수법의 발전이라 하였다.

가우디는 굴뚝과 환기통을 조각적으로 취급하면서 기둥과 벽을 굴곡지게 하였으며, 건물의 표면에 장식을 사용하였지만 설리반의 건축과 같이 그 구조가 숨겨져 버리지는 않았다. 형태와 공간이 아무리 자유롭다하더라도 그 골조는 자연 속에서 찾아낸 구조와 같이 역학적으로 합리적이면서 동시에 3차원적으로 해결되어졌다.

그림45 안토니오 가우디(Antonio Gaudi), 까사 바뜰로(Casa Batlló), 1904-07

그림46 안토니오 가우디(Antonio Gaudi), 뀌엘 공원(Park Güell), 1900-14

브루노 제비(Bruno Zevi)는 가우디의 건축구조에 대해 언급하기를 "라이트(Wright)보다 50년이나 먼저 구조적 연속성의 꿈을 당시의 역학계산의 범위를 벗어나 방법으로 실현하였다"고 하였다. 그가 언급한 것처럼 가우디는 높이와 향이 다른 방사선 아치를 조합하여 면을 만들었으며, 또한 지금의 소위 HP쉘이 수학적 역학의 기적으로서 삼위일체의 종교적인 의미를 가지게도 하였다. 그리고 가우디는 벽돌을 구석에 쌓은 리브에 의해 보강한 일종의 막구조를 사용하였는데, 이것은 실제로도 효율이 높은 경제적인 구조로서, 그가 카탈로니아에서 오래전부터 행하여져 왔던 수법을 자신의 건축에 적용한 것이다.

당시의 카탈로니아에는 고딕 부흥이 일어나고 있었으며, 가우디는 고딕의 가구를 발전시켜 볼트의 하중을 받는 기둥을 응력이 받아지는 방향으로 경사지게 하면서 기둥에서 일어나는 압력과 모멘트 문제를 해소하였다. 이러한 볼트의 형태와 경사진 기둥을 보여주기 위하여 현수선을 사용하여 철사에 하중과 상당하는 추를 걸어 모형을 만들었다. 그 모형에 포목을 펴서 붙이면 포목이 만드는 형태가 내부의 공간이며 철사는 이를 지지하는 지붕이며 리브(Rib)인 것이다. 가우디는 중세건축의 가치를 발견한 비올레 르 뒥의 건축론을 중요시 하였지만, 고딕건축은 불완전하다고 생각하여, 그리스 건축을 규범으로 하였다. "건축은 빛의 조화이기 때문에 지중해의 것이다. 건축은 빛이 수평으로 쪼이는 북극에서도 수직으로 쪼이는 열대에도 없다"고 믿고 있었다. 또한 "세공장인은 금속의 평탄한 판으로 입체를 만든다. 그러기 위해서는 우선 공간을 보지 않으면 안 된다"라고 하였다. 결국 가우디의 건축은 빛의 조화를 추구하는 공간으로, 단지 환상적인 형태와 복잡한 색, 합리적인 구조만을 추구한 것만은 아닌 것이었다.

만년의 가우디는 점점 종교에 대하여 독실하게 되었으며, 가난한 사람을 위한 사그라다 파밀리아(Sagrada Familia) 교회일 외에는 모두 거절하였다.

그림47 안토니오 가우디
(Antonio Gaudi, 1852-1926)

2. 유기주의 건축의 발전

2.1 프랭크 로이드 라이트(Frank Lloyd Wright, 1867-1959)

라이트는 자신의 건축을 유기적 건축이라 부르고 있다. 여기서 유기적이라는 단어는 그가 『사랑하는 스승』 설리반의 사상을 발전시킨 것이다. 어렸을 때부터 생물에 흥미를 갖았던 설리반은 기능에 대하여 기존의 기능주의자들이 설명하고 있는 의미로 해석하기 보다는, 소나무는 소나무여야 한다는 자연의 원리로서 이해하였다. 라이트는 설리번이 말한 "형태는 기능에 따른다."를 "형태는 기능의 하나이다."라고 하였다. 라이트는 유기적이라는 단어를 가능성의 연속성이라는 의미를 강조하면서 건축은 유기체와 같이 부분과 전체가 통일 되어야한다고 주장하였다.

유기적인 것과 기하학적인 것, 상호간에는 의미적 차이가 존재한다. 자연의 생명을 영위하면서 만들어진 형태가 유기적이라 한다면, 인간의 지성이 추상작용에 의해 만들어진 형태는 기하학적인 형태이다. 청년시대의 라이트는 기하학적 구성에 있어서 "설리반과 리차드슨의 장식은 식물을 연상케 하는데 기하학적인 것은 독창적인 것이며, 이것이야말로 기계문명에 어울린다"라고 말하고 있다. 이것은 르 꼬르뷔제가 "기하학은 인간정신의 질서이며, 기계는 기하학으로부터 태어났다"고 한 것에 동조를 하는 것과도 같다. 그러나 라이트는 꼬르뷔제의 평면과 직각에 의한 구성의 건축을 2차원적인 화가의 작품이라면서 비판을 하였다. 라이트에게 있어 기하학적인 질서와 미학을 바탕으로 한 건축은 밖에서부터 결정되는 것인 반면에 3차원의 건축은 라이트가 주장하는 바와 같이 '내부에서 외부를 향하여 만들어내지 않으면 안 된다.' 라이트에게 있어 원은 넓어지고 각은 폐쇄적이고 삼각형은 늘어나는 형태를 띠고 있는 것과 같이 그의 기하학적인 형태도 내적인 의미를 갖고 있는 것

그림48 프랭크 로이드 라이트
(Frank Lloyd Wright, 1867-1959)

이다. 건축이 내부에 대한 의미를 갖고 있다는 것은 그 속에서 일어나는 생활을 중요시 한다는 것이다.

미국은 『문화적 독립』을 원했던 라이트의 근대건축을 좋아하지 않았지만, 나치를 피하여 유럽에서 이주해 온 바우하우스의 근대건축은 환영하였다. 사실 근대건축은 합리적, 기능적인 것으로 과거의 양식을 배제하고, 장식을 버리고 직선적인 기둥과 보의 조합에 의한 사각형의 상자로 이루어 진 것이다. 이러한 것을 근대산업이 만들어낸 금속과 글라스로 구성한다면 미스의 건축으로 대변되는 것이다. 미스의 "보다 작은 것이 보다 많은 것이다(LESS IS MORE)"라는 말에 대하여 라이트는 "부정만으로 건축은 빈곤해져버렸다(LESS IS BORE)"라 하였다. 그곳에는 철과 글라스에 의한 추상조각적인 표현이 있는지는 모르지만 인간 생활의 공간으로서의 풍부함이 결여되어 있기 때문이다.

이차원적인 면의 구성에 의한 파사드는 패턴만으로 형성되며, 이러한 점이 기계제품과 같은 획일적이고 단조로움만이 있는 비인간적인 것이라고 라이트는 인식하였다. 그는 또한 르 꼬르뷔제의 "주택은 살기 위한 기계이다"에 대하여는 "그렇다면 심장은 혈액 펌프이고 인간은 영리에 의해 일하는 기계인가"라며 반박하기도 하였다. 근대건축은 물질적인 안락은 높여주었으나 정신생활을 황폐하게 하여 도시나 개인으로부터 자연을 탈취해 갔다. 이러한 산업적 수단과 근대양식의 건축을 라이트는 '인간을 기계의 제물로 바치는 모뉴멘트이며, 인간의 자유와 개성을 말살하는 상업파시즘의 건축'이라고 공략하였다.

이러한 건축에 대한 그의 독자적 사유는 유럽의 신건축활동과는 전혀 관계없이 독창적인 작품을 만들었다. 그가 독립하여 최초로 손을 댄 건축이 주택이었으며, 그가 설계한 주택은 넓은 대지를 갖고 있는 미국에 있어 새로이 만들어내기에 어울리는 저층으로 아주 넓은 실내배치를 하고 있다. 내부의 각 실은 서로 잘 연결되어 있으며, 깊은 추녀를 지닌 지붕이 낮고 길게 뻗어가는 형식을 취하고 있다.

라이트는 종래의 아카데미적인 법칙이나 수법을 조금도 사용하지 않았으며 놀랄 만한 자유로운 수법으로 극적인 공간을 연출하고 있다. 이것은 유럽의 건축가들이 기존의 아카데미적 규범 속에서 아직 시도해 보지 않은 구상들을 보여주고 있었다.

라이트의 새로운 구성들을 보면, 첫째로 자유롭고 유연한 평면이다. 그는 벽으로 구획된 방형과 같은 실들의 집합이라 할 수 있는 종래 주택의 개념에서 벗어나, 주택이란 부엌과 침실을 제외하면 하나의 연속공간인 것으로 인식하였다. 라이트는 이러한 기본공간을 자주 십자형의 평면을 통하여 구성하였으며 각각의 실은 기능적으로 분리되어 있다. 십자형 평면의 대표작인 일리노이 주의 이사벨 로버트 주택에서는 상이한 높이의 두 볼륨을 독특한 방법으로 상호 관통시키고 있다.

둘째로는 자연과의 상응이다. 미국의 대평원의 지평선을 묘사하는 대초원의 혼이 라이트의 작품 속에 숨 쉬고 있다. 그는 건물을 평평한 지붕과 낮게 그리고 옆으로 연장되는 벽으로 지면에서 생성된 것과 같이 땅과 연결지어주고 있다. 그리고 실내의 일단에는 포치나 발코니를 사용하여 실내공간과 외부공간 사이를 완전히 구획하지 않고 서로 연결하면서 상호 간의 관련성을 보여주고 있다. 이것은 그의 건축이 자연에 융합되는 것이 아닌 자연을 매력적으로 내부로 끌어 들이고 있음을 보여주고 있다. 라이트는 철근콘크리트도 사용하지만 이는 단지 수단적인 이유였으며 그것에 표현을 맡기지는 않았다. 그의 건축에서 벽돌, 돌, 나무, 콘크리트 블록의 모든 재료는 땅과 연결되어져 있었다.

셋째로는 풍부한 음영의 구성이다. 깊은 추녀와 뻗어 나온 발코니조의 공허부의 깊이, 벽면에서 조차도 재료에 의해 음영의 조화를 표현하였다. 그에 있어서는 추상적인 선이나 면의 조합이 문제시 되는 것이 아니라, 명암이 중요한 것이었다. 시카

그림49 프랭크 로이드 라이트(Frank Lloyd Wright), 로비 하우스(Robie House), 1908

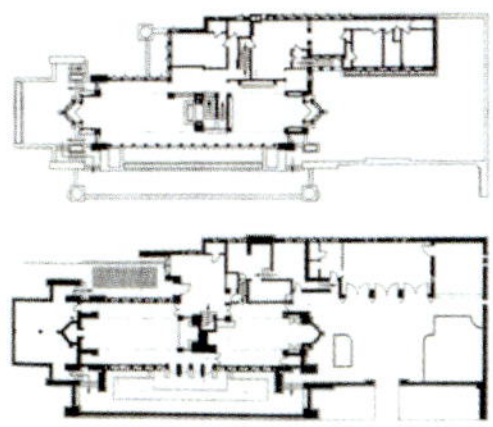

그림50 로비하우스(Robie House) 평면도

고에 있는 로비하우스는 서로 겹치고 가로지르면서 깊이가 다른 면들의 조합을 통하여 주택의 육중한 볼륨감을 없애면서 음영을 이용한 풍부한 입면을 가지게 하였다.

넷째로 세밀한 장식적 요소에 의한 표현이다. 그의 건축에 있어서의 장식은 단순히 형태적으로 끝나는 것이 아닌 그 이상의 의미를 가지고 있다. 라이트 건축에서 보이는 장식적인 채색유리창과 건축디테일의 시도는 그의 건축에 있어서 인간적인 면과 자연적인 면을 동시에 보여주고 있는 것이다. 이러한 장식적인 표현은 그의 주택의 곳곳에서 잘 보이고 있으며, 버팔로(Buffalo)의 라킨 빌딩(Larkin Building)에서 그는 커다란 피어 꼭대기와 천장 바로 밑에 예리하게 각지고 날카롭게 처리된 모서리를 가진 장식물로 건물의 주두를 장식하고 있다.

프레어리 하우스(Prairie House)라 불리는 주택은 독립전용주택이며, 근대사회가 필요로 하는 건축의 형식에 새로운 개념을 불어넣은 것이다. 이것들은 시카고의 교외인 오크 파크(Oak Park)의 주택지에 건설되었으며, 그 중 무어저택(Moore house, 1895)과 로비저택(Robie House, 1909)은 가장 아름다운 주택들 중의 하나이다.

이러한 주택에서 사용되었던 수법은 사무소건축과 종교건축으로도 확장된다. 일리노이에 있는 유니티 교회(Unity Church, 1906)는 주택계획의 패턴과 일치한다.

그림51 프랭크 로이드 라이트 (Frank Lloyd Wright), 번스덜 주택 (Barnsdall House), 1921

그림52 프랭크 로이드 라이트(Frank Lloyd Wright), 라킨 빌딩(Larkin Building) 주두부 디자인, 1904

라이트에 있어서 공간의 본질은 독립전용주거라는 근대사회 특유의 건축과 깊은 관련을 갖는다. 1910년 라이트의 작품집이 유럽에서 출판되면서 주택에 있어 공간의 질을 높였다는 점은 유럽에서도 새로운 충격이 되었다. 후에 그가 설계한 펜실베니아 주의 베아란에 건설한 낙수장(Falling Waters, 1937-39), 위스콘신 주의 라신에 세운 죤스 왁스빌딩(Johnson Wax Building, 1939) 등도 마찬가지로 인간적인 스케일, 바꾸어 말하면 주택을 출발점으로 하는 스케일의 건축물이라 하겠다.

그러나 1900년대 초기에 이러한 유니크한 건축물을 남긴 라이트는 유럽은 물론 아메리카에서 조차 거의 받아들여지지 못하였다. 이는 라이트의 반공업주의·반상업주의에 기인하기도 하였다. 유기적 건축(有機的 建築)을 주장한 그는 그 시대의 미국의 흐름인 공업화와 상업화에 대하여 반대적인 입장으로서 시대의 조류는 그의 의도와는 달리 흘러가고 있었다. 실제로 이때에 있어 미국의 건축에 커다란 영향을 끼친 사람들은 유럽에서 이주한 건축가들이었다. 1930년대 들어와 보다 수준 높게 올라간 미국의 자본주의의 체제는 이를 뿌리로 하고 있는 공업주의와 상업주의와 함께 건축물에 있어서도 단순한 규격화의 형식의 길을 찾고 있었다. 이러한 점에서 라이트의 인간적인 조형수법은 받아들여지지 못하고, 반대로 독일공작연맹풍의 즉물적인 조형수법이 쉽게 받아 들여져 그 기반을 다져 나가게 되었다.

그림53 프랭크 로이드 라이트 (Frank Lloyd Wright), 낙수장(Falling Waters), 1937

2.2 알바 알토(Alvar Aalto, 1898-1976)

알바 알토는 자연 유기적이라는 점에 대하여 특별히 언급하지 않았으며 그의 건축은 공간구성방법, 구조방법 등 모든 것이 라이트의 건축과는 다르지만 유기적 건축의 성격을 내포하고 있다는 점에서 연관성을 가지고 있다. 실제로 알토의 제도실 책상 옆에 라이트의 사진이 걸려있었다고 한다. 알바 알토는 작품의 형태와 재료적인 면에 있어서 벽 천장에 유기체가 부풀어 오르는 듯한 미묘한 곡선을 사용하였으며, 목재와 벽돌 등의 자연의 재료를 즐겨 사용하였다. 그리고 공간적 측면에서는 공간과 형태의 일체적인 연속성이 유기적인 느낌을 주고 있으며, 평면, 직선, 금속조차도 그의 작품 속에서는 인간적인 자연스러움이 내재되어 있다. 기디온(S. Giedion, 1888-1968)은 알토의 지역주의와 국제주의와의 조화를 평가하였지만, 알토 자신은 "시카고, 포르투갈, 에스파냐에서도 나는 근대파인가, 전통파인가라는 질문을 받는다. 그러나 예술에 있어서 가장 중요한 것은 인간성이 있느냐는 점이다"라 하였으며, "건축은 인간이 그 중심에 있을 때 진정한 건축이 된다."라고 말하였다. 표준화와 공업화는 오늘날 사회의 필연적인 방향이지만 알토는 이에 대하여 "정신이 결여된 기술은 세상에서 가장 나쁘다"고 주장하였다. 일찍부터 목재의 합판에 의한 아름다운 규격형의 의자와 테이블을 만들어낸 알토는 어떠한 것이 표준화해야 할 것이며, 어떠한 것이 생산에 적합하지 않는가에 대하여 잘 알고 있었던 것이다.

라이트의 세계관이 개성의 자유와 독립을 소중히 여기는 아메리카 대륙의 개척자의 민주주의라 한다면, 알토의 인간관은 기계문명의 해로움에 침해되지 않는 사회보장이 잘 되어있는 북구의 휴머니즘이라 할 수 있겠다.

시드니의 오페라극장의 경기설계에 당선된 요른 웃죤(Jorn Utzon, 1918-)과 레

그림54 알바 알토(Alvar Aalto, 1898-1976)

웰(Viljo Rewell, 1910-64)이 알토의 사무실에 있었다. 그러나 알토의 건물은 독창적임에도 불구하고 시드니 오페라하우스와 같이 외부에서 만들어낸 흥미로운 조형, 난해한 구성과는 전혀 다른 것이다. 알바 알토에게는 '인간이 내부에 있어야 한다.'와 같은 건축에 있어서 본질적인 개념을 가지고 있었으며, 이는 그의 건축이 구성에 있어 내부공간부터 시작하여 외부의 형태로 나타나는 양(量)을 형성하게 하는, 한마디로 저절로 형성되는 건축을 추구하게 하였다.

라이트의 건축은 내부공간이 외부의 자연과 연결되어 펼쳐져 있으며, 지붕은 쉘터(Shelter)로서 그 위에 수평으로 걸쳐져있다면. 알바 알토의 건축은 천장으로부터 유입된 자연의 빛과 폐쇄적이면서도 친근한 내부공간으로 이루어져있다. 이는 고요하고 부드러운 풍토에 어울리는 건물의 모습으로, 겨울이 춥고 긴 핀란드의 환경적 요소를 반영하고 있는 것이다. 몇 개의 건물이 군집의 형태로 있거나, 하나의 건물이 독립되어 있던지 간에 담과 부속실은 중정을 둘러싸면서 외부로부터의 바람을 차단함과 동시에 빛이 잘 드는 공간으로서 중정을 만들었다. 그리고 마을 가운데의 제한된 대지의 건물에서도 톱라이트를 설치하여 여러 층에 해당되는 중정부분을 계획하기도 하였으며, 이는 단면도에도 아름다운 형태로 나타난다.

기디온은 알토의 특색으로서, 『굽이치는 곡면』을 들고 있는데 곡면이라기보다는 양이라 부르는 것이 적합할 것이다. 그리고 그 굽이치는 양은 근대건축의 직선적, 평면적인 엄격함과 딱딱함을 구제하기 위하여 진귀한 형태나 흥미를 위한 것이 아니며, 이는 내부공간의 확실한 크기와 형태와 조합을 위한 것으로서 외부에 나타나는 굽이치는 양(量)은 결코 과장되거나 의도적인 조형이 아니다.

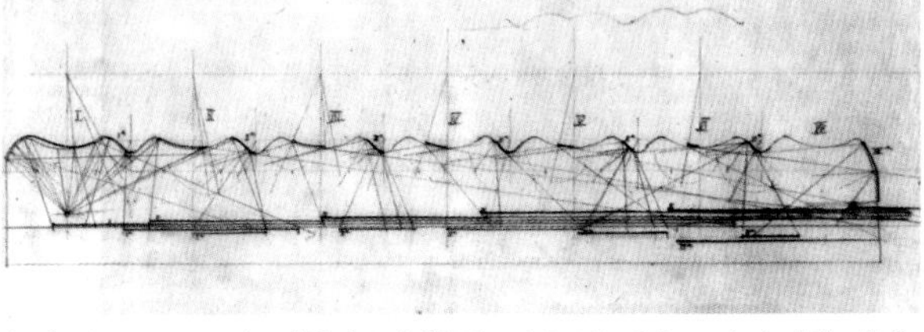

그림55 알바 알토(Alvar Aalto), 비퓨리도서관(Viipuri Public Library) 스케치, 알바 알토 재단, 1927-35

직선과 직각에 의한 기하학적 질서를 중요시한 르 꼬르뷔제가 제창한 모듈은 2차원의 면에 관한 미학으로서 알토의 공간과 양에 적용될 수 없는 것이다. 알토의 설계실을 방문한 독일 건축가들은 "이 건물의 모듈은 얼마입니까"라는 질문에 대하여 옆에 있던 제자 한사람이 "1미리이하입니다"라고 대답하였다고 한다.

알바 알토의 건축이 일부러 수학적 해석에 근거를 둔 구조나 추상적인 비례에 의한 조형을 요구하지 않은 것처럼, 재료에 관해서도, 미스 반 데어 로에(Mies Van der Rohe, 1886-1969)와 같이 공학기술적인 표현을 하지 않았다. 또한 알려진 바와 같이 공업제품의 비인간성에 대한 반동으로서, 지방적 전통적인 재료를 선택하지도 않았다. 알바 알토가 목재를 사용한 것은 핀란드의 주요공업이 목재섬유공업으로 삼림이 많았기 때문이며, 벽돌을 사용한 것은 전후(戰後)에는 철이 모자라 철근콘크리트가 많이 사용되지 못하였기 때문이며, 동판지붕과 형태를 즐겨 사용한 이유는 북부에 유럽의 많은 채취장이 있었기 때문이었다.

알바 알토는 골조를 골조 그대로의 모습으로 디자인 하지 않았으며, 외부는 비나 일광으로부터 골조를 지킬 수 있도록 하였다. 그리고 내부에 있어서는 인간적 공간으로서 친근함을 느끼게 하기위하여 나무와 타일 등의 마감 재료를 사용하였다. 르 꼬르뷔제가 철근콘크리트 벽에 철평석과 콩모래콘크리트판을 붙인 것은 그 벽을 보

그림56 알바 알토(Alvar Aalto), 파이미오 요양소 (Paimio Sanatorium), 1929-33

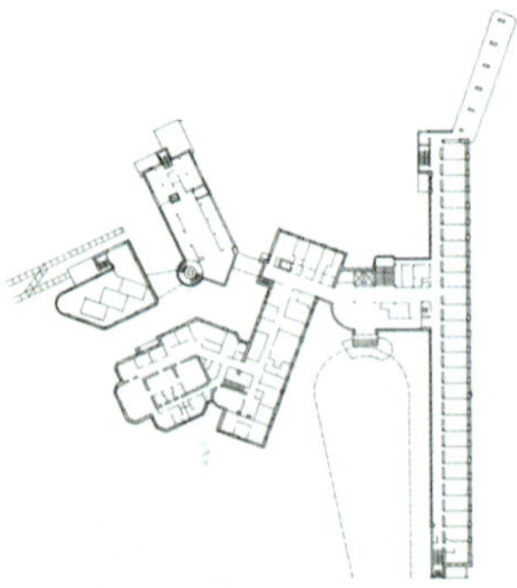

그림57 파이미오 요양소(Paimio Sanatorium) 1층평면도

호하기 위한 것보다는 재질의 흥미로움과 다른 부분과의 대비의 효과를 노리기 위한 것이며, 콘크리트 벽에 여러 가지의 색을 칠하는 것은 콘크리트면의 거칠음을 번거로운 색으로 보완하고자 함이다. 반면에 알바 알토는 르 꼬르뷔제와 같은 소위 회화적인 수법을 사용하지 않았으며, 또한 벽과 공간을 그림이나 조각으로 장식하지도 않았다. 그는 단지 건축 그 자체를 보여주고자 하였다.

뿐만 아니라, 알바 알토의 건축에 있어서 천창으로부터 떨어지는 빛은 실내공간의 성격을 결정 지워주는 것으로서 비퓨리 도서관(Viipuri Public Library)의 천창 디자인은 알토 생애 가운데 변하지 않는 중요한 건축요소이기도 하다. 일반적으로 상

그림58 알바 알토(Alvar Aalto), 마이레아 주택(Villa Mairea), 1938-41

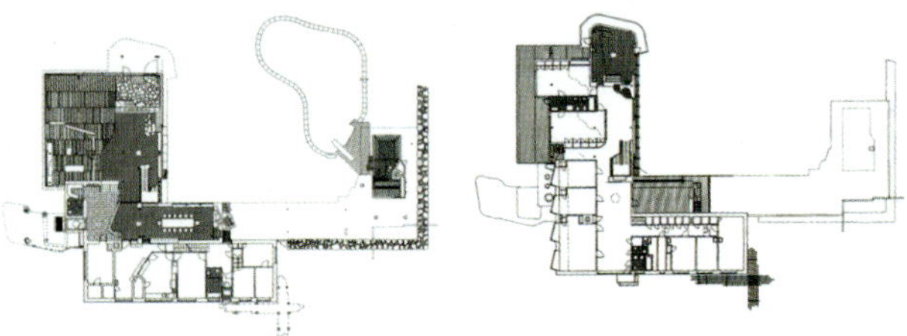

그림59 마이레아 주택(Villa Mairea) 평면도, 1938-41

부에서 빛을 받는 것은 폐쇄된 공간에서는 필요한 것이지만, 이는 오히려 빛이 부족한 겨울이 긴 북국의 하늘의 빛에 대한 동경일지도 모른다. 상부에서 비쳐주는 확산광은 실내공간을 온화하게 비쳐주어 단순하며 자연적인 마감 재료와 함께 친근하면서도 비범한 인간을 위한 공간을 만들어 내고 있다.

이상의 언급한 3인의 건축가가 젊은 시절에 보낸 환경은 자신의 지역에 대한 자각에 눈을 뜨면서 자신들의 것을 자신들의 지역에 순응하면서 새로이 구축하려는 움직임이 강하였다는 시대적 공통점을 가지고 있다.

가우디의 청년시대는 카딸로니아의 상공업이 활성화되면서 모로코까지 진출하였으며, 문학과 예술의 운동도 활발하여 스페인의 르네상스라 불리는 시대였다.

또한 젊은 라이트는 호이트만과 애머슨을 읽고 개성의 발휘와 독립의 의식을 고취하였으며, 민주주의의 기풍의 환경에서 자라나 아메리카 독자의 것을 만들어 내었다. 문화적 『독립선언』을 하려는데 뜻을 두었다.

알바 알토의 학창시대는 핀란드가 러시아로부터 독립하여 19세기 이래 문화의 국민적인 운동이 절정에 다다랐던 시기였다. 건축에서는 시렌과 린데그렌, 엘리엘 사리넨과 같은 건축가들이 국민적인 표현을 구하였던 시대였다.

이와 같은 사회의 전체적인 고조의 시대에 시대의 본질을 간파한 개성이 나타나 후세까지 깊은 의미의 작품들을 남겨놓은 것이다. 이들 3인의 건축가들이 가지고 있던 정신은 단순히 획일적인 합리주의의 반동으로서 멋대로의 개성적인 표현이나 형태의 비합리성을 구하려 한 것이 아니라 유기적인 것과 추상적인 것과를 통일시키려는 의지라는 것을 이해해야한다. 그리고 건축에 있어서는 인간을 중심으로 하는 공간을 창출하려 했다는 점이 유기주의 건축과 근대 건축의 정신적 맥락을 연결시켜 줄 수 있다.

and Craft Movem
National
Skyscraper
alism
Art Dec
ivism

Ⅳ. 초기 합리주의

Early Rationalism

VER SACRVM

16) 초기 합리주의라는 단어는 1935년 에드와르도 페르시코(Edoardo Persico)가 스토클렛(Stoclet) 건물에 대하여 논하면서 사용되었다.

1. 초기 합리주의 정신

초기 합리주의[16)]는 1900년대 건축역사 선상에 있어서 사회·경제학적으로, 기술적 진보와 시대적 취향과 양식적인 면에 있어서 아주 중요한 기점이다. 초기 합리주의에서 보이는 목적성(objectivity), 필요성(necessity), 명료성(clearness), 생산성(productivity)은 독일의 근대건축에서 보이는 것으로서, 이는 독일공작연맹(Deutscher Werkbund)이 표방하고 있는 근대 예술의 경향과 만나게 된다. 또한 이러한 개념은 초기합리주의를 사회학자인 막스 베버(Marx Weber, 1864-1920)의 사회현상학적 이론까지 연결시켜 준다.

초기 합리주의는 건축 양식적 측면에서는 아르누보에 반하여 일어난 것으로 보이며, 이러한 움직임은 유럽의 여러 나라에서 각각의 형태를 달리 하면서 전개되었다. 이 당시 죠셉 호프만(Joseph Hoffmann, 1870-1956)과 아돌프 로스(Adolf Loos, 1870-1933)는 비엔나에서 참된 근대양식으로 전진하는 길은 형태의 간소화를 촉진하는데 있다고 제안하였으며, 피터 베렌스(Peter Behrens)는 베를린에서 현대산업에 대응하여 새로운 형태를 제안하는 시도로서 고전적 언어를 재분류하였다. 합리주의 계승자였던 파리의 어거스트 페레(Auguste Perret, 1874-1954)는 새로운 구조 시스템의 강조와 잠재된 창조성 속에서 형태적 원칙을 탐구하였다.

20세기 초에 나타난 초기 합리주의 운동은 오늘날 유럽건축에 있어서 아직도 지속되고 있다고 볼 수 있다. 이와 같은 초기 합리주의의 오랜 생명력은 유럽의 도시를 구성하고 있는 고전주의적 이념이 오스트리아에서 독일까지, 프랑스에서 이탈리아까지, 그리고 라이트시대의 미국에까지 그 정신이 아주 광범위하게 퍼졌기 때문이다.

17) 원래 Secession은 로마 고사인 Secessio Plebis에서 유래한 단어로 고대 로마의 특권계급인 Patricius와 서민계급인 Plebs와의 투쟁 중에서 Plebs의 정권획득 투쟁을 위한 분리운동을 뜻 한다.

2. 세제션(Secession)운동

2.1 오토 와그너(Otto Wagner, 1841-1918)

빈(Wien)은 18세기에서 19세기에 걸쳐 강국 오스트리아의 수도로서 중부 유럽문화의 중심이었다. 대부분의 건물은 로마 및 프랑스풍의 르네상스 양식으로서, 일반적으로 대단히 고집스러운 보수주의가 지배하고 있었다. 이러한 빈의 보수적인 환경 속에서 현대를 강하게 의식한 한사람의 건축가가 바로 오토 와그너(Otto Wagner, 1841-1918)였다.

오토 와그너는 그의 건축적 소신을 1895년에 『근대건축(Moderne Baukunst)』에서 보여주고 있다. 그는 그 속에서 '우리들의 예술창작의 유일한 출발점은 근대정신이라는 점을 잊어서는 안 된다. 현대건축은 우리들에 의해 창작되며 우리들의 즐거움을 표현해야 한다. 새로운 양식은 신재료, 신구조법, 새로운 인간생활이 기성형식의 변혁을 요구하는 길을 통하여 서서히 형성된다. 특히 인간생활의 요구에 대하여 정당한 이해가 창작의 제1기초이다. 예술의 유일한 중요성은 바로 필요성에 있다'라고 주장하였다. 또한 '건축에 있어서 목적을 충분히 파악하여 이를 완전히 충족시키며, 적절한 재료의 선택과 간편하고 경제적인 구조의 채용 등과 같은 것들을 전제로 성립된 형식', 이것이 바로 그의 건축사조의 결론이다. 그는 이 새로운 형식을 효용주의(Natuzstil)라 불렀다. 이와 같이 오토 와그너는 『건축 장식에서 건축기술에로(Architecktur zur Baukunst!)』를 주장한 근대건축의 선구자로서 세제션(Secession)[17]운동의 선각자이다.

그림60 오토 와그너
(Otto Wagner, 1841-1918)

18) 1897년 4월 3일 오스트리아의 Wien에서 일체의 과거양식에서 분리한다는 Secession운동이 19명의 젊은 예술가에 의해 결성되었다. 화가 구스타브 클림트(Gustav Klimt, 1862-1918), 조각가 메스트로비치(Mestrovic. I), 메쯔너(Metzner. F), 건축가 오토 와그너(Otto Wagner, 1841-1918), 조셉 마리아 올브리히(Joseph Maria Olbrich, 1867-1908), 조셉 호프만(Joseph Hoffman, 1870-1955) 등이 주요 인물이다.

19세기말 와그너의 비엔나 우편 예금국(Vienna Post Office Saving Bank, 1906)에서는 그의 근대건축에 대한 사상이 잘 드러나 있다. 건물의 엄격하고 단순한 모습은 근처의 고전적 질서에 의한 건축물들과는 다르다. 와그너는 기존의 건물들과는 다르게 건물에서 구조와 기능을 표현하였으며, 불필요한 장식은 사용하지 않았다. 주 출입구 캐노피의 가느다란 금속성 기둥이나 추상적인 거친 면과 같은 디테일은 구조의 일상적인 요소의 미묘한 반전을 필연적으로 수반하고 있는 것이며, 건물의 중심인 중앙 홀의 자연광으로 가득 찬 공간은 유리로 된 철도차고와 같은 19세기 도시의 전형적 가치들이라 할 수 있는 정직함, 반투명, 가벼움, 효용성들을 나타내고 있는 표현이다. 이러한 모든 가치들은 건물을 사회적 목적에 어울리도록 하고 있다.

와그너는 빈 미술학교에서 이러한 혁신적인 주장을 많은 제자에게 가르쳤다. 그 중에서 조셉 마리아 올브리히(Joseph Maria Olbrich, 1867-1908)와 조셉 호프만은 젊은 화가 구스타프 클림트(Gustav Klimt, 1862-1918)와 조각가 메스트로비치(Mestrovic. I, 1883-1962) 등을 포함한 19인과 함께 1897년에 빈에서 "일체의 과거양식에서 분리한다"는 세제션운동을 결성하였다.[18] 세제션이란 예속으로부터의 분리를 의미하며, 또한 전통으로부터의 분리, 해방을 지향하는 명칭으로 사용되었다.

올브리히 설계에 의한 비엔나의 세제션 전람회장(Vienna Secession Exhibition Building, 1898)은 금색의 나뭇잎 장식으로 구성된 중앙 돔(Dome)과 3개의 간결한 파사드로 구성되어 있다. 외관에 있어서 중앙 돔은 아르누보의 감각이 느껴지며, 내

그림61 오토 와그너(Otto Wagner), 비엔나 우편 예금국 (Post Office Saving Bank), 1904-06

그림62 비엔나 우편 예금국 (Post Office Saving Bank) 홀

부는 구스타프 클림트의 회화로 장식되었다. 이 건물은 전 세대의 거대한 고전적 관습에서 생겨난 육중함과 제국주의적 문화에 대항함을 의미하고 있다. 이곳에서 1900년에 개최된 최초의 전람회에서는 매킨토시의 작품이 소개되기도 하였다. 또한 결혼기념탑과 전람회장(1907)에서 전람회를 강조하기 위해 디자인된 주출입구의 블록은 세제션 전시관과 동일한 3개의 무장식 방형면체와 피라미드형의 지붕으로 구성되어 있다. 탑의 형태는 벽돌로 쌓아올려 그 위를 모자 모양으로 하였으며 탑 몸체의 한쪽에는 작은 창으로 길게 모퉁이부분까지 연결되는 디자인을 사용하였다. 이처럼 전람회장과 탑의 디자인은 성실함과 자유로움이라는 서로 상반되는 이미지의 모순을 보여주고 있는 것으로서 권위주의로부터의 탈피와 함께 근대 초기의 확고한 조형원리를 지키려는 건축가의 의도가 담겨져 있다.

2.2 조셉 호프만(Joseph Hoffmann, 1870-1954)

조셉 호프만은 1903년 수공예를 위한 비엔나 공방을 설립하여 장식분야에 있어 구심점이 되도록 하였다. 그는 건축에 있어서는 그리 많지 않은 작품을 하였지만 브뤼셀의 스톡클릿 저택(Palais Stoclet)과 같이 아주 독특한 작품을 남기고 있다.

스톡클릿 저택은 예술의 교외 궁전과 같은 곳으로 미술관, 호화로운 저택 그리고 근대적 감각의 본보기와 같은 분위기가 결합된 것이다. 건물 파사드의 구성요소는 단순하지만 전체적으로 나타나는 모습은 대단히 조화로우며 풍부한 변화를 보여준다. 가는 금색의 몰딩으로 구성된 백색 대리석의 방형의 벽체는 무거운 석재가 아

그림63 조셉 마리아 올브리히 (Joseph Maria Olbrich), 세제션 전시회장 (Secession Exhibition Building), 1897-98

그림64 조셉 호프만 (Joseph Hoffmann, 1870-1954)

그림65 아돌프 로스 (Adolf Loos, 1897-1933)

닌 나무판을 조립한 느낌을 주어 호프만의 공예적 성격을 잘 나타내고 있다. 실내 디자인은 클림트에 의한 호화로운 모자이크의 벽화로 이루어진 벽장식으로 엄격한 우아함을 가지고 있다. 바닥에는 색대리석으로 모양을 내었으며, 섬세한 가구 등으로 구성되어 건축과 공예에 있어서 근대적인 아름다움을 잘 표현해 주고 있다. 윌리엄 커티스(William J. R. Curtis, 1948-)는 이러한 스톡클릿 저택의 세련감은 매킨토시의 영향 속에서 올브리히의 회상은 물론 쉥켈까지도 보인다고 하였다. 또한 확신 있는 개인양식 속에서 요약되고 수정된 것으로서 독창적인 디자인이라고 하고 있다. 호프만은 와그너의 제자이나 조형수법을 보면 와그너의 엄격한 이론을 보다 젊고 생생한 감각주의로 바꾸었다.

그림66 조셉 호프만 (Joseph Hoffmann), 스톡클릿 저택 (Palais Stoclet), 1905-11

그림67 구스타프 클림트(Gustav Klimt), 스톡클릿 저택(Palais Stoclet) 내부의 모자이크 장식

그림68 찰스 레니 매킨토시(Charles Rennie Mackintosh), 예술 애호가를 위한 주택 (House for an Art Lover), 1902

19) "우리의 관점에서 보면, 어린이는 도덕과 무관한 관계이며 파푸아인(Papuans)도 마찬가지이다. 만약 어떤 파푸아인이 적을 죽여서 먹었다는 것이 죄인이 되는 것이 아니다. 그러나 만일 근대인이 누군가를 죽여서 먹었다면 그 인물은 죄인이던가, 타락한 자임에 틀림없다. 파푸아인은 자신의 신체에 문신을 새기고, 배나 노 또는 자신들의 손에 닿는 모든 곳에 장식을 한다. 그러나 문신을 한 근대인은 죄인이거나 타락한 자이다. 그 이유는 복역수의 80퍼센트가 문신을 하고 있으며, 문신을 하고도 형무소에 가지 않은 자는 잠재적 범죄자이거나 타락한 귀족이기 때문이다. 만약 문신한 사람이 죽을 때까지 자유롭다면, 그것은 단순히 죄를 지을 기회가 없었다는 의미이다….

2.3 아돌프 로스(Adolf Loos, 1897-1933)

조셉 호프만의 무장식 공간의 단순화는 아돌프 로스의 건축에서 극단적으로 보이고 있다. 아돌프 로스는 와그너의 효용양식을 극단적으로 발전시킨 건축가로서, 그는"민중의 수준이 낮으면 낮을수록 장식이 과다해 진다. 장식에 의존하지 않고 형태 그 자체에서 아름다움을 찾는 것, 이것이 인간이 원하고 있는 궁극의 목적이다"라고 말하면서 비엔나의 무절제한 부르주아적 건축을 비난하면서, 건축형태에 있어서 솔직함과 단순함을 강조하고 있다. 그는 또한 1908년 그의 저서『장식과 죄(Ornament and Crime)』에서 '장식은 야만적 관습의 유물이며 건축이나 응용예술은 어떠한 장식이라도 배제되어져야만 한다.'라고 강하게 주장하고 있다.[19)]

아돌프 로스는 자신의『근대성』탐구에 있어 개인적이며 지나치게 장식 지향적인 건축가들의 생산물에서 보다는 미적인 취향과 개성을 충족시키는 자전거와 철도의 엔진에서 찾으려 하였다. 이것은 건축에서 전통을 바꿀 수 있는 길은 오직 새로

그림69 아돌프 로스(Adolf Loos), 슈타이너 주택(Steiner House), 1910

그림70 슈타이너 주택(Steiner House) 1층평면도

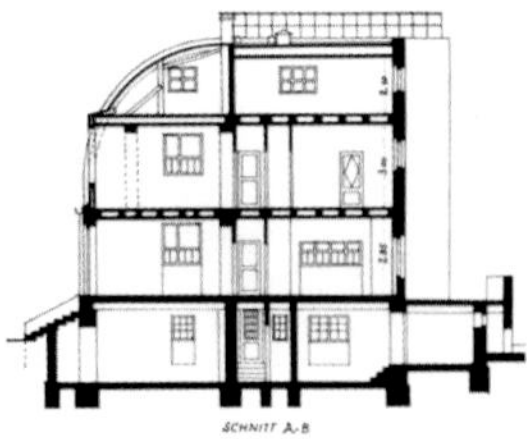

그림71 타이너 주택(Steiner House) 단면도

아이들에게 당연한 것들과 파푸아인들의 야만적인 것들은 현대인에게는 타락의 증후이다. 그러므로 나는 다음의 금언을 얻어내어 세상에 알린다. : 문화의 발전은 실용품에서 장식의 제거와 함께 진행된다"

20) 자유로운 공간의 표현, 다양한 레벨에 있어서 연속된 층고에는 전혀 영향을 받지 않는 여러 공간의 계획, 조화를 이루고 있고 분리할 수 없는 단위나 공간적으로 경제적인 실체를 형성하도록 상호 관련된 공간을 배치하는 것 등으로서의 공간계획이다. 공간은 그 중요성과 기능에 따라서 각각 다른 규모뿐만 아니라 다양한 높이를 지니고 있다.

운 발명에 의한다는 것을 의미하게 된 것이며, 더 나아가 예술과 실용성과의 완전한 분리를 의미하는 것이다.

그의 이러한 건축적 사고는 주택디자인에서 처마장식과 같은 과거의 요소들을 최대한 없애려고 하는데서 볼 수 있다. 그리고 그는 공간들 간의 자유로움과 상호 연관성이라는 근대적 공간을 라움플란(Raumplan)[20]에서 보여주고 있다.

1910년 비엔나에 지어진 슈타이너 하우스(Steiner House)는 그의 대표작으로 외형에 있어서 회반죽 마감의 표면처리로 아돌프 로스의 무장식적 건축특성을 잘 표현하고 있다. 그러나 미켈러플라츠(Michaelerplatz)에 설계한 골드먼 앤 살라트쉬(Goldmann & Salatsch) 상점에서는 상층부의 장식이 없는 평평한 벽면 처리에 반해 1층 부의 도릭오더의 사용은 그의 장식에 대한 견해와는 상반된 것으로 해석될 수 있겠다.

이상과 같이 아돌프 로스는 시대에 따른 참된 양식에 있어서 장식의 일체를 부정하고 있으며, 있는 그대로의 재질이나 형태, 그리고 명료성을 건축 표현에 있어 절대성이라 믿고 있었다. 이러한 그의 건축은 유럽의 합리주의 건축의 첫 시도로서, 이후에 그로피우스와 르 꼬르뷔제와 같은 거장들의 건축에 영향을 주었다.

그림72 아돌프 로스(Adolf Loos),
골드먼 앤 살라트쉬 상점
(Goldmann & Salatsch), 1910

3. 독일공작연맹(Deutscher Werkbund)

3.1 독일의 공예이념과 독일공작연맹

이전에는 작은 연합국가에 불과했던 독일은 19세기 후반에 이르러 프러시아를 중심으로 강력한 제국으로 발전하였다. 독일은 자신들의 후진성을 벗어나기 위하여 물질적인 면에서만이 아니라 정신문화 측면에서도 정력적인 활동을 전개하였다. 또한 건축에 있어서도 선진국의 여러 건축사상과 건축수법이 도입되면서 활발하고 복잡한 상태에 이른다. 벨기에로부터는 아르누보 양식이 도입되어 유겐스틸(Jugendstil)의 이름으로 유행되었다. 그러나 유겐스틸은 프랑스의 아르누보와 마찬가지로 오래가지 못하고 갑자기 소멸되었다.

뒤늦은 독일의 산업혁명은 다른 나라에서와 마찬가지로 예술과 산업 간의 관계성에 있어 뜨거운 논쟁을 가져왔다. 이 속에서 독일은 기능주의적인 견해가 강하게 작용하게 되었으며, 독일의 예술가나 건축가의 역할은 기계화에 따른 새로운 독일 문명의 전형을 만들어내는 것으로 되었다. 이는 근대건축에 있어 독일 건축이 새로운 형태의 발명과 표준화를 하는 중재자가 되도록 하였다. 이러한 독일의 새로운 이념의 대상은 찻잔과 같은 산업디자인과 공장건축에 적용되면서 발전하였다.

19세기말부터 20세기 초까지 영국에서 지낸 헤르만 무테지우스(Hermann Muthesius,1861-1927)는 수공예운동을 독일로 이식하였으며, 즉물주의(Sachlichkeit)운동을 통해 1907년에 독일공작연맹이라는 운동을 일으켰다. 그는 1896년 런던 독일공사관 건축담당관으로서 1903년까지 7년간 근무하면서 『영국의 집』3권을 작업하였으며, 귀국 후에는 이것들을 출판하였다.

그림73 피터 베렌스 (Peter Behrens, 1868-1940)

그림74 브루노 타우트 (Bruno Taut, 1880-1938)

21) 이것은 물질적인 것보다는 정신적인 것을 더욱 중요하며, 기능과 재료, 기술 보다는 형태의 중요성을 말하고 있다. 무테지우스는 이러한 이념으로써 형태의 이해를 각성시켜 건축적인 감성을 부활하여야 한다고 하였다.

22) 기계주의(Machinenstil)

그러나 독일공작연맹(Deutscher Werkbund, 1907-34)은 수공예운동의 중세주의적 이상을 받아들이지 않았다. 독일공작연맹이 수공예운동에서 계승한 것은 사회기구와 직결된 예술과 디자인의 활동적 측면이었다. 이는 합리성과 단순성의 방법으로서 예술이나 디자인 단체는 단순한 동업자의 모임이 아닌, 현실에 있어 자신들의 주의(Ism)나 주장을 같이하는 사람들이 결속하는 일종의 운동체라는 것이었다.

따라서 독일공작연맹의 모습은 사회적 문제를 생각할 때도 직능단체인 것보다는 이데올로기를 지닌 운동체로서 게르만 정신과 역사 속에서의 형태의 역할과 함께 국민의 물리적인 삶에 관한 심오한 관찰과 연구를 목적으로 하고 있었다.[21]

이러한 집단의 형성은 바로 수공예운동의 유산이라고 할 수 있으며, 집단의 존재가 있다는 자체가 중요한 근대성을 의미하고 있었다. 무테지우스를 중심으로 한 독일공작연맹의 공예이념은 바로 기본적인 형태로 되돌아간다는 것이며, 이는 독일의 문화적 위엄을 건축기술로 표현하겠다는 의지였다.

독일공작연맹 단체는 혁신을 자신들의 출발점으로 하고 있다. 그들은 즉물성에 조형원리를 두면서 아르누보의 장식주의는 강력하게 반대하였다. 이것은 결국 기계의 의미를 강하게 긍정하게 됨으로서 독일공작연맹이 현대공업 디자인의 선구가 될 수 있었다.[22] 이 연맹이 건축적인 작품을 세상에 알리게 되는 기회는 1914년의 쾰

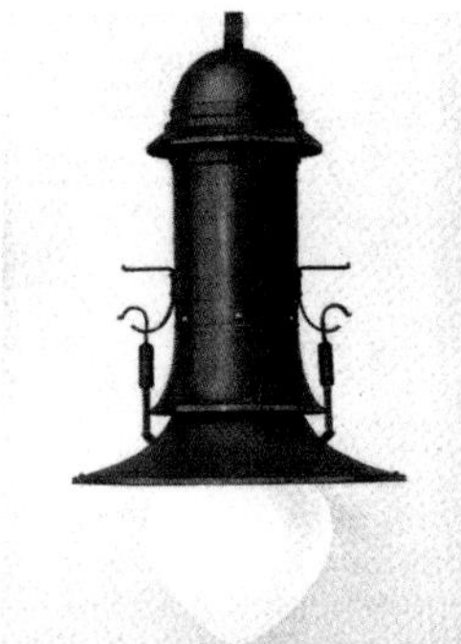

그림75 피터 베렌스(Peter Behrens), AEG 터빈공장(AEG Turbine Factory)을 위한 전등디자인, 1907

그림76 브루노 타우트(Bruno Taut), 유리의 집(Glass Pavilion), 쾰른 박람회, 1914

23) 무테지우스(H. Muthesius), 크레이스(P. Kreis), 베렌스(P. Behrens) 등의 단조로운 신고전주의적 건축이라든다, 호프만(J. Hoffmann)의 후기 분리파 양식의 오스트리아관, 그로피우스(W. Gropius), 브루노 타우트(Bruno Taut), 반 데 벨데(Van de Velde)의 개성적 모델 건축 등을 볼 수 있었다. 이 박람회의 중요성은 유럽 건축에 있어 이들 후자 세 사람의 건축으로 집약되어 대략 4년 후에 결정되는 그들의 건축적 태도를 예고하는 것이었다.

24) 그란트 듀크 에른스트 루드비히 폰 헤센(Grand Duke Ernst Ludwig von Hessen)에 의해 설립되었다.

른 박람회[23)]에서였다. 이곳에는 피터 베렌스(Peter Behrens, 1868-1940), 조셉 호프만, 앙리 반 데 벨데의 작품과 함께 브루노 타우트(Bruno Taut, 1880-1938)의 유리집, 그리고 발터 그로피우스의 사무소 건물이 세워졌다.

1927년 1차 세계대전 패배 후의 국내의 어려운 상황에서도 독일공작연맹은 그들의 실험주택으로서 개인주택과 공동주택으로 이루어진 바이젠호프 주거단지(Weissenhoff Siedlung)를 건축가와 예술가, 그리고 실업가들의 노력을 통하여 성공시켰다. 바이젠호프 주거단지는 모두 33개의 거주 단위로 이루어져 단일 주택과 24세대가 입주하는 아파트 동으로 구성되어 있다.

전체 단지 계획은 미스 반 데어 로에가 중심이 되어 프랑스 건축가 르 꼬르뷔제, 네덜란드의 아우트, 그리고 독일의 피터 베렌스와 발터 그로피우스를 포함하여 빅토르 부르주아, 브루노 타우트, 아돌프 라딩, 요제프 프랑크 등 당대 유명했던 건축가 17명의 초대되어 이루어진 획기적인 것이었다.

독일공작연맹의 활동은 사회적으로 건축가를 재인식하도록 하여주었으며, 미스 반 데어 로에는 독일공작연맹을 통하여 바르셀로나 전시회에서 독일 전시관을 설계하게 되기도 하였다.

3.2 피터 베렌스(Peter Behrens, 1868-1940)

독일공작연맹의 이상을 건축의 영역에서 실현시킨 건축가로는 피터 베렌스(Peter Behrens, 1868-1940)이다. 그의 수공예에 대한 연구는 다름슈타트 예술인 촌(Darmstadt Artists' Colony)[24)]에 거주하면서부터 시작되었다. 베렌스는 『유용성과

그림77 미스 반 데어 로에
(Miss van der Rohe),
독일전시관(Barcelona Pavilion),
1929

25) 무테지우스는 독일의 타고난 사명인 세계의 문화를 한 단계 더 향상시키고 순수한 문화를 통한 세계의 개화를 산업엘리트의 교육을 통하여 이룩할 수 있다는 믿었다.

26) "거대하고 단순한 형태의 자연적인 느낌, 그리고 신선함과 온전함, 이러한 것을 유럽의 건축가들에게 제안하고 있다…. 이것을 중요한 암시로 취하여 역사적인 향수라던가 다른 지적인 고려를 더 이상 신경 쓰지 않도록 하고 있다…. 이것이 참된 미적 순수함의 길에 서게 되는 것이다"

적정성에 존재하는 물리적 즐거움(Physical Pleasure existing Useful and the Suitable)』이라는 저서를 통하여 유용성과 적정성의 통합의 필요성을 강조하였다.

초기에 그는 건축에 있어서 풍부한 곡선들이 보이는 아르누보적 경향이 있었으나, 후에는 신고전주의적 표현을 사용하였다. 베렌스의 건축적 사상은 무테지우스의 국가주의[25]와 이상주의의 결부를 통하는 것으로 이루어 졌으며, 그의 이러한 건축적 사상은 쉥켈의 건축에 바탕을 두고 있었다.

그의 대표작으로는 1909년에 베를린에 세워진 AEG 터빈공장이 있다. 이 건물은 램프나 기둥, 가구, 그리고 건물의 대량생산에 대한 목적성을 지니고 있었다. AEG 터빈공장은 공장건축 중에서 가장 아름다운 건물로서 강구조가 의식적으로 예술의 영역에 들어오고 있음을 볼 수 있다.

베렌스는 AEG 터빈공장에서 고전적인 독일정신의 전형적 형태와 합리적인 접근방법을 보여주었다. AEG 터빈공장은 엄격한 리듬과 침착한 인상을 줄 수 있도록 구조체가 조정되어 있으며, 이동크레인 받침대의 형태와 측면을 따라 반복적으로 돌출된 철골 지주는 고전적인 성격을 가지도록 하였다. 그러나 철재 기둥의 두께의 역전으로 인하여 일반적인 하중과 지주와의 관계는 역전되어있다. 이는 입면에서 유리로 된 넓은 면이 모서리 돌 앞에 떠있는 얇은 스크린과 같이 느껴지도록 하였으며, 모서리들에 구조적인 안정감을 제공해 주었다.

후에 그로피우스는 베렌스의 AEG 터빈공장에 관하여 말하기를 기념비적인 건물이며 또한 참된 미적 순수함의 길에 있다고 극찬하기도 하였다.[26]

그림78 피터 베렌스(Peter Behrens), AEG 터빈공장 (AEG Turbine Factory), 1908-09

4. 구성주의(Constructivism) 운동

유럽 여러 나라들의 새로운 건축운동의 흐름의 하나로, 1900년 전후의 아르누보가 일시적으로 파리에서 유행을 하게 되지만 곧 그 열기는 식어버리게 되었다. 프랑스의 건축가들은 기존의 아카데미의 위엄에 눌려있는 진부함에 불만을 가지고 있었지만 다른 나라에서 보여주고 있는 신건축에 대한 어떠한 확고한 형태의 디자인 구성 원리를 갖고 있지 못한 점에 대해서도 의식하고 있었다. 이러한 이유로 프랑스에서는 전통을 기반으로 혁신적이며 새로운 건축을 조형하려 하였다.

반면에, 프랑스의 기술자들은 19세기 후반에 들어 새로운 건축기술 추진에 있어서 선구를 달리고 있었으며, 진보주의적 건축가들은 이러한 기술에 흥미를 느끼게 되었다. 이러한 배경에 의해 프랑스는 다른 나라들과는 다른 근대건축의 길을 향해 나아가게 되었다. 1900년대 초기의 15년간 어거스트 페레(Auguste Perret, 1874-1954)와 토니 가르니에(Tony Garnier, 1869-1948)의 작품 활동은 이러한 프랑스의 새로운 근대건축 중심에 있었다.

페레는 콘크리트 건축의 선구자로 보자르에서 익힌 고전적인 양식을 새로운 형태의 콘크리트로 표현하였다. 1903년에 건설된 프랭클린가(Rue Franklin)의 8층 주

그림79 어거스트 페레(Auguste Perret), 퐁티유가 51번지의 차고 (Garage at 51 rue de Ponthieu), 1905

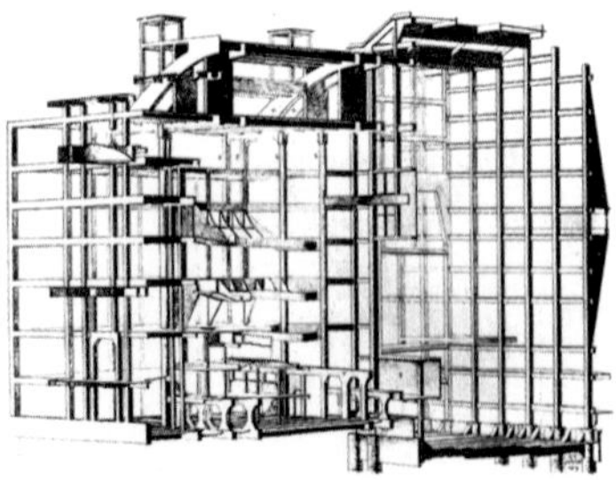

그림80 어거스트 페레(Auguste Perret), 샹젤리제 극장 (Théâtre des Champs Élysées), 1911-13

그림81 어거스트 페레 (Auguste Perret, 1874-1954)

그림82 토니 가르니에 (Tony Garnier, 1869-1948)

택은 프랑스 근대건축에 있어 새로운 미래를 예시하고 있다. 여기에서 보여 지는 철근콘크리트 구조의 테라스와 같은 건축 요소는 페레 자신의 처녀작에 새로운 건축에 대한 구상을 대범하게 표현하고 있다. 이어서 퐁티유가 51번지의 차고(1905)에서의 파사드와 샹젤리제 극장(Théâtre des Champs Élysées, 1913)은 페레의 작풍을 결정 지워 주었다. 그는 건축공간을 공간 그 자체로서만 파악하지 않고, 구조의 자연스러움을 선택하여 그것을 형상의 질서로서 사용하였다.

1901-04년 로마대상을 얻은 가르니에는 로마에 있으면서 인구 약35만의 공업도시(Cité Industrielle)의 계획안을 발표하였다. 이 계획안은 도시의 인구집중에 따른 도시문제를 『공업도시』로서 파악하여 구상된 작품으로 프랑스 아카데미적 성격이 아닌 근대적이며 획기적인 안이었다. 개개의 건축물에 있어서도 새로운 건축적 구상이 적용되어 있는 역작이라 하겠다.

조선소처럼 보이는 대규모의 건축물은 철골조로 이루어져 있으며, 공공건축과 주택은 그 당시에는 아직은 새로운 재료이었던 철근콘크리트 구조로 되어있다. 콘크리트조로 높이 올라간 시계탑의 정거장 및 광장에는 넓은 주차장을 계획하였다. 이와 같이 가르니에는 공업도시 안에서 보여 지는 물리적인 공간처리의 새로운 구상뿐 아니라 이러한 건축물의 조형에 있어서도 부가적인 장식요소를 대범하게 제거함으로서 청결한 모습을 보여주고 있다.

그림83 토니 가르니에(Tony Garnier), 공업도시(Cité Industrielle) 주거지 부분, 1917

그림84 공업도시(Cité Industrielle) 철도역사 부분

and Craft Movem
Nationalism
Skyscraper
Art Dec
dvism

V. 아방가르드 건축운동

Avant-garade Architecture

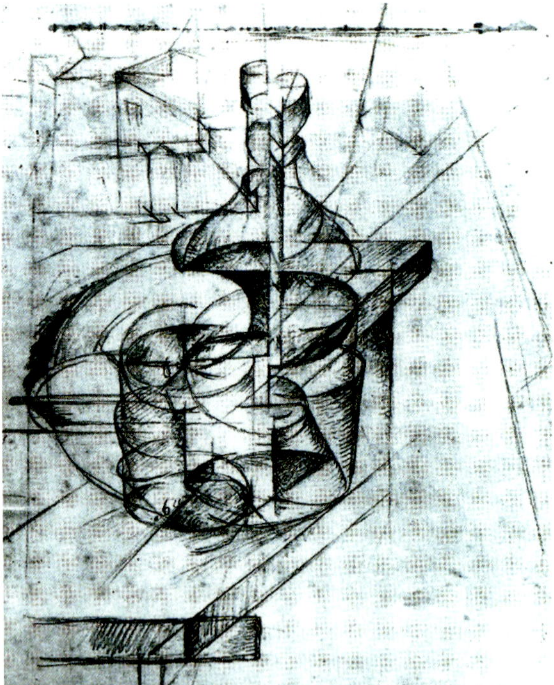

27) S. Giedion, 『Space, Time and Architecture』

1. 미래파(Futurism)와 데 스틸(De Stijl)

1.1 큐비즘(Cubism)과 건축

1907년 스페인 화가 파블로 피카소(Pablo Picasso)의 작품 『아비뇽의 처녀들(Les Demoiselles d'Avignon)』과 함께 등장하게 되는 큐비즘(Cubism)은 기하학적 평면의 구성을 통하여, 공간에 대한 새로운 인식을 말하고 있다.

새로운 공간적 표현과 수단으로서의 큐비즘은 모든 대상들은 분해하고 있으며, 이를 통하여 대상의 내적구조를 파헤치려고 하고 있다. 이러한 큐비즘이 표방하는 공간에 대한 새로운 이해는 근대의 공간적 접근방법인 단일 시점으로부터 벗어나게 하였다.

20세기 초반까지의 르네상스 투시도를 통한 사물에 대한 절대적인 인식방법은 큐비즘의 상대적인 관점에 의하여 붕괴된다. 이에 대해 기디온은 다음과 같이 말한다.

"큐비즘은 르네상스의 투시도를 탈피하였다. 큐비즘은 대상을 상대적으로 인식한다. 즉 다양한 시점을 추구하되 어떠한 한 시점에도 배타적인 권위를 부여하지 않는다. 또한 큐비즘은 대상을 해체함으로써 모든 측면, 즉 위, 아래, 내·외부에서 동시에 대상을 인식하려고 한다. 큐비즘은 대상 주위를 회전하고 대상의 내부로 들어간다. 결국 오랜 시간동안 구성적 사실로 인정된 르네상스의 3차원에 4번째 차원이라 할 수 있는 시간이 더해진 것이다"[27]

큐비즘의 상대적 공간인식에 의해서 예술의 표현수단에 있어 중요한 면은 다양하고 여러 가지 상이한 방식으로 사용할 수 있었다. 면들은 인식 가능한 대상물의

28) 1920년대를 전후하여 큐비즘 이후 프랑스에서 오장팡(Ozenfant)과 르 꼬르뷔제(Le Corbusier)에 나타났으며, 건축적인 간결함과 기계가 가진 본질적 기능성을 기조로 한 회화와 그 밖에 순수 조형언어 예술에 나타난 예술사조로서 큐비즘이 의도한 목적과 근접하면서 건축과도 긴밀한 연관성을 가지고 있다.

파편이 되거나, 내부와 외부를 동시에 나타내기 위하여 병이나 파이프를 평평하게 만들기도 하면서, 정신적인 반응을 나타내는 비합리적인 형태를 표현하는데 사용된다.

이와 같이, 큐비즘이 널리 알려지면서 새로운 공간개념 역시 발전하게 되었다. 큐비즘의 상징들은 건축적 요소로는 합리적이지 않은 이유로 직접적으로 적용되지는 못하였으나, 예술적인 상상력을 펼칠 수 있는 방향과 활력을 제공하였다.

프랑스의 오장팡(Ozenfant)과 르 꼬르뷔제(Le Corbusier, 1887-1965)에 의한 퓨리즘(Purisme)[28], 러시아의 카지미르 말레비치(Kasimir Malevich, 1878-1935)의 반조형적인 구조물인 아키텍토넨(Architectonen), 그리고 네덜란드의 피에트 몬드리안(Piet Mondrian, 1872-1944)과 테오 반 되스부르크(Theo van Doesburg, 1883-1931)에 의한 신 조형주의(Neo-Plasticism)와 같은 것들은 각 집단마다 약간씩은 다르나 큐비즘을 보다 합리화시키기 위한 노력들이었으며, 이러한 노력은 결과적으로는 큐비즘이 건축의 형태로 연결될 수 있도록 하였다.

1.2 미래파(Futurism) 건축

시인 토마스 필립포 마리네티(Tommass Filippo Marinetti, 1876-1944)는 1909

그림85 파블로 피카소(Pablo Picasso), 아비뇽의 처녀들(Les Demoiselles d'Avignon), 1907

그림86 르 꼬르뷔제(Le Corbusier), 스틸 라이프(Still Life), 1920

29) "세상의 장관은 새로운 미를 통해 더욱 풍부해질 것이다. 이 아름다움은 바로 속도감이다"

년 2월20일 피가로(Le Figaro)지에 미래파 창립선언을 발표하였다.[29] 그는 미래파 창립선언에서 문화적 전통주의를 비판하고 새로운 환경에 의한 시대적 힘이 표현되어야 한다고 하면서, 혁명의 변화나 속도 등 동력적인 것들을 옹호하였다.

미래파는 1910년대에 건축보다는 회화와 조각분야에서 활발하게 일어났으며, 1910년의 미래파 회화선언과 1912년의 미래파 조각선언은 미래파적 감각을 더욱더 확산시켰다. 특히 조각선언에서는 새로운 형태의 기초가 건축적 구성이라고 하였다.

움베르토 보쵸니(Umberto Boccioni, 1882-1916)와 지노 세베리노(Gino Severino, 1883-1966)는 대표적인 미래파 예술가들이다. 움베르토 보쵸니는 작품 『공간 속에 전개되는 병』에서 공간적인 면을 서로 교차시키면서 면들의 상호관계성과 관입, 그리고 동시성을 보여주고 있다. 또한 대상물들의 운동성과 이에 따른 주변 공간과의 관계성을 보여주고 있다. 이는 미래파의 구성 원리를 잘 보여주는 것으로서, 큐비즘의 공간에 대한 새로운 인식과 연결되기도 한다.

미래파의 목적은 사회적 힘에 대한 집약적 표현인 근대 대도시에 있었다. 1914년의 미래파 건축선언과 함께 나온 안토니오 상텔리아(Antoni Sant'Elia)의 신도시(La Città Nuova)는 미래파 사상을 바탕으로 한 새로운 도시 이미지를 보여주고 있다.

그는 새로운 사회에 맞는 새로운 건축은 당연한 귀결이며, 새로운 정신은 새로운

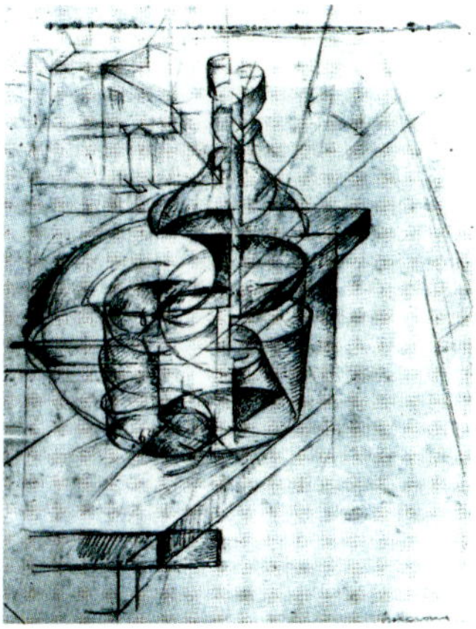

그림87 움베르토 보쵸니(Umberto Boccioni), 공간 속에 전개되는 병 (Botttle Unfolding in Space) 스케치, 1912

30) William J. R. Curtis, 『Modern Architecture since 1900』, third edition, Phaidon, 1996, pp.111

형태와 재료, 그리고 새로운 기술에 의한 건축을 통하여 반영된다고 하였다.

이러한 그의 새로운 건축에 대한 견해는 거대한 움직이는 기계의 이미지를 가진 신도시(La Città Nuova)를 구성하고 있는 여러 건물들의 형태와 재료에서 잘 보이고 있다. 발전소나 공항, 비행선 격납고, 기계적 이미지의 철도역, 그리고 계단식의 집합주택(Casa a Gradinate)이 그것이다.

근대건축의 역사 속에서 미래파는 진보주의적이고 반 전통적인 태도를 통하여 근대적인 재료에 대한 예찬과 기계적 유사성과 함께하는 추상적인 형태를 지향하는 특성들의 집합체를 도출해 내었다는 점에서 중요한 의미를 가진다. 미래파의 역동적이고 자유로운 가치관은 독일공작연맹의 강한 근엄성과의 분명한 대조를 보이고 있다. 그러나 이 두 가지 운동은 모두 시대적 정신이 기계화의 전개와 결부되어 있다는 점과 참된 근대건축은 기능과 건축방법, 미학, 그리고 상징적인 형태 등을 고려하여 기계화의 전개를 받아들여야 한다는 공통된 중심가설을 가지고 있었다.[30)]

1.3 데 스틸(De Stijl)과 네덜란드 모더니즘(Modernism)

큐비즘에서 파생된 형태는 점차 단순화되면서 기계시대와 혼합되어 발전한다.

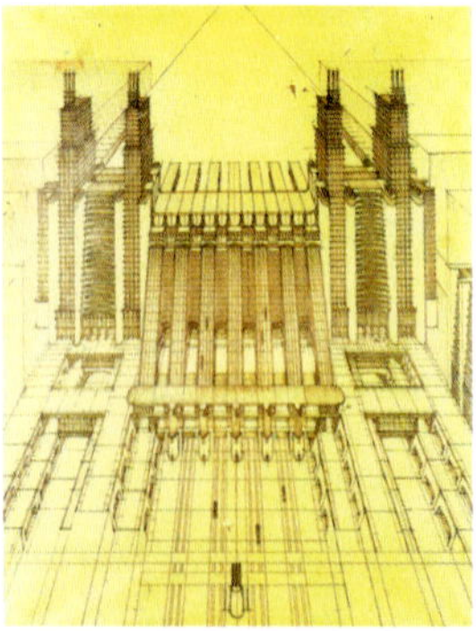

그림88 안토니오 상텔리아(Antoni Sant'Elia), 신도시(La Città Nuova), 중앙철도역사 및 공항, 1914

그림89 신도시(La Città Nuova), 계단식 집합주택 (Casa a Gradinate)

31) 그는 건물을 일종의 추상조각으로 인식하면서 색채와 형태, 상호 침투하는 평면요소를 유기체로 보았다.

32) 데 스틸 운동은 프랭크 로이드 라이트(Frank Lloyd Wright) 건축에 있어서 재료에 있어서의 풍부함이나 주변과의 어울림을 위한 조형성보다는 상호 침투하는 유기적 평면과 공간적 특성에만 관심을 가졌다.

그리고 이것은 네덜란드에서 데 스틸(De Stijl) 운동으로 꽃피운다. 데 스틸은 테오 반 되스부르크와 피에트 몬드리안을 중심으로 1917년에 화가, 조각가, 그리고 건축가들이 추상과 직선을 강조하면서 만든 새로운 양식을 말한다.

몬드리안은 형태의 단순한 외관보다는 이를 초월하는 『사고의 형태』를 추구하였으며, 이는 수직선과 수평선의 조합으로 이루어지는 단순한 그의 회화 표현언어 속에서 잘 보인다. 그리고 테오 반 되스부르크는 기하학적 추상의 3차원적 의미를 이해하고, 건물을 종합예술작품으로 보고 있었다.[31] 1923년에 그는 데 스틸운동의 실험을 종합하여 주택에 대한 모형과 도표를 만들었으며, 이러한 그의 공간에 대한 생각은 『주택을 위한 공간 다이어그램(Spatial Diagram for a House)』에서와 같이 무한의 공간에서 마치 부유하는 것을 의미하고 있다.

네덜란드의 데 스틸운동에는 몬드리안의 추상예술만이 아닌 미국의 프랭크 로이드 라이트(Frank Lloyd Wright)의 건축사상이 반영되기도 하였다.[32] 이러한 영향은 데 스틸의 조형이 명료한 기하학 형태, 직선 그리고 상호 침투하는 공간이 공유되는 하나의 양식으로 발전하도록 하였다.

1916년 로브 반트 호프(Rob Van't Hoff, 1887-1964)의 작품 후이스 테오 하이데(Huis ter Heide)에서의 돌출되고 뻗어나가는 수평적인 처마와 미끄러지는 듯한

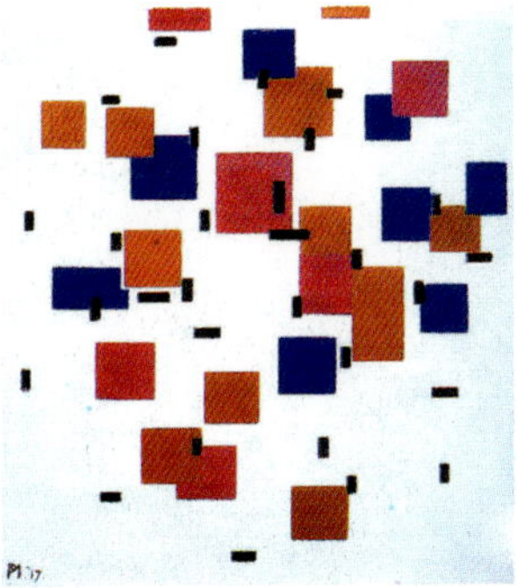

그림90 피에트 몬드리안(Piet Mondrian), Composition in Blue, 1917

그림91 테오 반 되스부르크 (Theo van Doesburg), 주택을 위한 공간 다이어그램 (Spatial Diagram for a House), 1924

그림92 로브 반트 호프(Rob Van't Hoff),
후이스 테오 하이데 주택
(Huis ter Heide), 1916

볼륨은 데 스틸에 있어서 라이트 건축의 융합을 잘 보여주고 있다.

네덜란드의 데 스틸은 1917년에 와서는 근대의 시대정신과 같은 것이었으며, 회화뿐만 아니라 조각, 가구디자인, 그리고 건축에까지 적용되었다. 네덜란드 데 스틸은 새로운 질서를 희구하면서, 단순함과 조절된 비대칭성, 그리고 대비를 통하여 구성된 부유하는 것과 같은 평면은 새로운 시대를 표현하는 올바른 방식으로 네덜란드 예술가들에게 인식되었다.

그리고 1918년에 게리트 토마스 리트벨트(Gerrit Thomas Rietveld, 1888-1964)에 의해 만들어진 빨간색과 파란색이 혼합된 의자는 이러한 데 스틸적 디자인의 대표적인 예들 중의 하나이다. 의자에서 보이는 간결함과 질서, 규격화와 반복성은 기계예술의 특징을 말하고 있으며, 의자의 구조에서는 몬드리안의 무한히 뻗어가는 선을 느낄 수 있다.

그리고 우트렉(Utrecht)의 교외에 위치한 리트벨트의 슈뢰더하우스(Schroeder House)는 데 스틸 건축에 있어서 획기적인 것이다. 직각의 매끈한 형태와 밝은 원색적 요소로 된 이 주택은 서로 교차하는 판벽으로 되어있으며, 어떤 건축적 요소는 무한의 공간에 떠 있는 것과 같다. 건물 전체에 있어서는 어떠한 대칭적인 요소

그림93 게리트 토마스 리트벨트
(Gerrit Thomas Rietveld),
Red/Blue Chair(적/청 의자),
1917-18

들도 존재하지 않고 있으며, 창틀과 난간, 지주에서 사용되는 빨강, 검정, 노랑, 그리고 파랑과 같은 원색의 선적요소들은 몬드리안의 회화에서 보이는 직선의 움직임을 연상케 하고 있다.

주택의 내부에 있어서 조명과 가구 역시 이러한 미학적 개념을 가지고 만들어졌다. 슈뢰더하우스는 데 스틸에서 강조하는 모든 예술정신이 하나로 구축된 실체라고 볼 수 있다.

그림94 게리트 토마스 리트벨트 (Gerrit Thomas Rietveld), 슈뢰더하우스(Schroeder House), 1923-24

그림95 슈뢰더하우스(Schroeder House) 내부

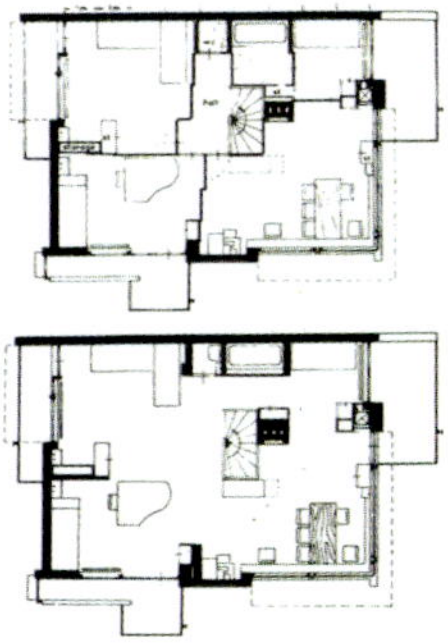

그림96 슈뢰더하우스(Schroeder House) 상층 평면도

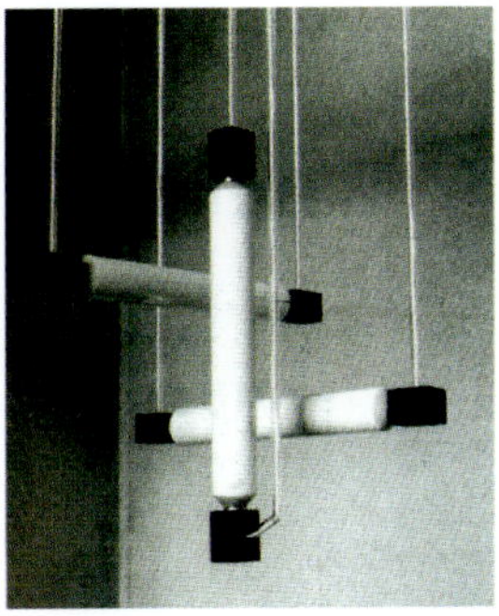

그림97 슈뢰더하우스(Schroeder House) 고정 조명디자인

33) 블라디미르 마야꼬프스끼(Vladimir S. Majakovskij, 1893-1930)는 1912년에 『대중의 기호에 귀싸움을』이라는 미래주의 선언문을 발표한 이래 러시아에서 가장 전위적이고 실험적인 시인이자 극작가로서 이해된다.

2. 러시아 구성주의(Russian Constructivism)

2.1 절대주의(Suprematism)

러시아 아방가르드 예술의 역사는 마치 사회주의 혁명의 승리에 동반되는 커다란 희망과 혁신의 기류에서 나타나는 자연스러운 특성이라 할 수 있는 예술적, 정치적, 기술적, 사회적, 그리고 이상주의적 현상들 간의 복합이다.

예술적으로 큐비즘(Cubism)과 미래파(Futurism)는 러시아 아방가르드 예술에 큰 영향을 미쳤다. 카지미르 말레비치의 절대주의는 예술적인 창작과 실용성을 엄격히 구분하면서 절대주의를 자연주의 또는 표현주의 예술에 있어 순수한 감각의 우월성과 동등하다고 여겼다. 또한 그는 마야꼬프스끼(Majakovskij, 1893-1930)[33)]와 함께 한 1915년 절대주의 선언에서 더 이상 『예술을 위한 예술』이라는 과거의 원칙은 유효하지 않으며, 순수성이란 인간의 근원적 행동에 호응한다고 하였다. 회화의 영역에서 다른 표현으로부터의 근원을 찾는 방식과 같이 건축의 영역에서도 마찬가지로 근원적인 것은 순수성으로부터 내려온다는 것이다. 말레비치에게 나는 것, 달리는 것, 그리고 앉는 것들은 사물의 본질적인 면들에 대응하는 보편성과 순수성에 의한 조형에 있어 모든 것이었다.

이와 같은 러시아 절대주의 예술은 기존의 일체적 형태나 색깔, 그리고 의미의 초월을 통하여 문화적 상대주의를 거부하면서 누구나 보편적으로 느낄 수 있는 순수형상을 추구하였다. 말레비치의 '흰 배경위의 검정 사각형(a black square on a white field)'은 그의 절대주의 예술의 의미를 극명히 보여주고 있다.

34) Proun은 Object, 사물이라는 의미이다. Renato De Fusco, Storia dell'architettura contemporanea, Editori Laterza, 1997, p.187
35) ibis, p.187

엘 리씨츠키(El Lissitzky, 1890-1941)의 추상화인 프로운(Proun)[34]에서 보이는 유토피아적인 표현들에서도 이러한 절대주의 사상이 보인다. 특히 여기서 보이는 여러 추상적인 것들은 표현주의라기보다는 형태주의를 띠고 있으며, 사물들의 형태는 서구의 아방가르 예술에 가깝다고 볼 수 있다. 레나토 데 푸스코(Renato De Fusco, 1929-)는 "프로운이 의미하는 것은 데 스틸(De Stijl)과는 다르며, 러시아 아방가르드와 서구 유럽의 아방가르드를 연결한다는 점과 러시아 예술의 논쟁 속에서 순수회화와 공학적 기술 간의 불합리를 초월한다는 점에 있어서 중요하다"라고 하고 있다. 또한 그는 "단순히 조형적 요소를 만들기 위한 회화의 차원을 넘어 건축을 만들기 위한 조각이다."[35]라고 논하고 있다.

이러한 러시아 예술에 있어서 다양한 실험들은 소비에트 연방의 혁명과정에서 보이는 역동성의 표현이라는 위하여 마르크스가 추구하는 이상과 만나게 된다. 그것은 유물론적 역사관을 바탕으로 한 기계화로 나타나게 되면서 추상화의 부유하는 면들, 공장 내의 기계적인 이미지들을 직접 이용한 도상학(Iconography)이 발전하게 되었다. 그 결과로 러시아에서는 기계적 이미지의 무대장치나 꼴라쥬(Collage)에 의한 건축이 나타나게 되었다. 브세볼로드 마이어홀드(Vsevolod Meyerhold, 1874-1940)가 1920년에 디자인한 무대가 그 예이다.

그림98 카지미르 말레비치(Kazimir Malevich), 흰 배경위의 검정 사각형 (a black square on a white field), 1912

그림99 엘 리씨츠키(El Lissitzky), 프로운(Proun), 1921

정신적 미학에 치중한 러시아의 절대주의 예술은 지식계급에 의한 것이었으며, 당시의 사회적 상황을 고려한다면 농업 위주의 대중의 가치관에서는 멀리 떨어져있는 환상과도 같은 것이었다. 그러나 러시아의 근대 건축에 있어서 그 의미는 중요한 것으로 현재까지도 이러한 미학적 맥락은 연장되고 있다고 할 수 있다.

2.2 러시아 구성주의(Constructivism) 건축

러시아 건축에 있어서 새로운 기운은 블라디미르 타틀린(Vladimir Tatlin, 1885-1953)에서 시작되었다. 1919년 그의 '제 3 인터내셔널 기념탑(the 3th International Monument)'은 러시아의 기계에 대한 신념을 강하게 보여주었다. 기념탑은 2개의 격자구조에 입방체, 피라미드, 그리고 원통이 매달려 있다. 3개의 입체들은 정해진 기능에 따라서 각각 다른 속도를 가지며 회전하도록 되어있는데, 첫 번째로 회의와 집회를 위한 볼륨인 입방체는 일 년마다 자신을 중심으로 회전하며, 두 번째 행정 및 업무를 위한 피라미드형의 볼륨은 한 달을 주기로, 마지막으로 상부의 홍보와 선전을 위한 원통형의 것은 하루를 주기로 회전하도록 되어 있다. 타틀린의 기념탑은 전체적으로는 매우 공상적이며, 기계적인 것으로서 혁명적인 것이었다. 격자와 입체들의 순수한 형태에 있어서는 절대주의의 미학이 보이며, 구조체

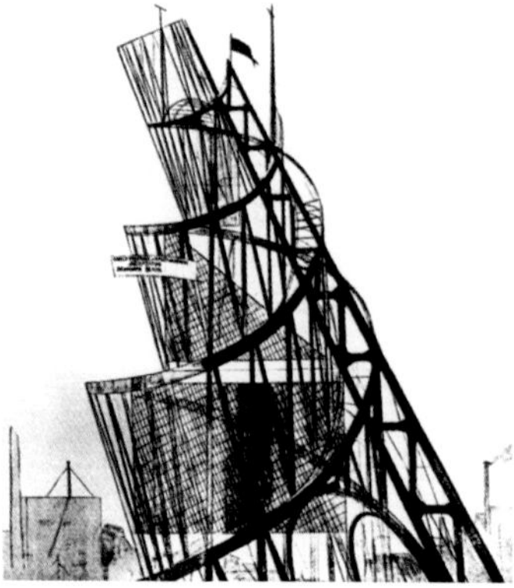

그림100 블라디미르 타틀린(Vladimir Tatlin), 제 3 인터내셔널 기념탑 (the 3th International Monument), 1919

36) William J. R. Curtis, 『Modern Architecture since 1900』, third edition, Phaidon, 1996, pp.205

의 나선형의 역동감은 새로운 질서를 표현하고 있다. 나선형의 역동감과 생동감에 있어 니콜라이 퓨닌(Nikolai Punin, 1888-1953)은 "나선은 인간해방의 선이다. 지면에 한쪽 선단을 지지하고, 다른 쪽은 지면으로 부터 날아가고 있다. 그 때문에 사심이 없음과 지상의 하찮음에 대한 것을 역으로 상징하게 되었다"라고 하였으며, 커티스(W. J. R. Curtis)는 타틀린의 기념탑을 『마르크스사상의 상징』이며, 노동자의 유로피아인 『최고의 국가』를 갈망하는 혁명사회의 사상 그 자체를 상징화하고 있다고 하였다.[36)]

러시아 건축에 있어서 유토피아적인 관념은 불확실한 사회 속에서 자신들의 희망을 펼치기 위함이었으며, 이것은 기계적이거나, 역동성을 지닌 조각적 볼륨의 형태언어로 나타나게 되었다.

베스닌(Vesnin)형제의 1923년 공공건축물로서 라보궁(Palace of Labour) 계획안에서 보이는 단순형태와 입체들 간의 역동적인 상호관입, 그리고 공장과 같은 전체적 이미지는 러시아 아방가르드 예술적 성격을 잘 보여주고 있다. 또한 1924년 레닌그라드 프라브다(the Leningrad Pravda Building) 계획안에서는 형태의 조합에 있어 코어와 기능의 분절과 투명한 코어를 통해 보이는 승강기의 움직임은 건물을 기계의 일종으로 보이도록 하고 있다.

그림101 알렉산데르 베스닌과 빅토르 베스닌 (Alexander & Victor Vesnin), 라보궁 계획안(Palace of Labour), 1923

그림102 알렉산데르 베스닌과 빅토르 베스닌 (Alexander & Victor Vesnin), 레닌그라드 프라브다 계획안 (the Leningrad Pravda Building), 1924

콘스탄틴 멜니코프(Konstantin Melnikov, 1890-1974)는 새로운 질서를 위한 표현은 대중을 선동하는 역동적인 조각적 표현이라고 생각하고 있었다. 콘스탄틴 멜니코프는 1925년에 파리 장식미술 전람회의 소비에트 연방 전시관에서 대각선으로 통과되는 평면과 이를 통한 내·외부 공간의 연결 등에서 보이는 시각적 긴장감으로 자신이 의도한 역동감을 표현하였다. 1928년 루사코프 노동자 클럽(Rusakov Worker's Club)에서는 예리한 교차나 형태의 대비를 통하여 공간과 형태의 전체적 구성을 만들어 냈다. 그러나 구성주의자들 중심의 현대건축가협회(OSA)가 루사코프 노동자 클럽의 비실용성을 가지고 많은 비판을 하였듯이, 건축공간에 있어서의 비실용성은 러시아 근대 건축의 단면이기도 하였다.

러시아 근대건축에서의 큰 논쟁은 이상주의적 형태의 표현과 기능적 필요성에 관한 것이었다. 이러한 형태와 기능의 통합은 이반 레오니도프(Ivan Leonidov, 1902-1959)의 1927년 레닌 문헌관리연구소를 위한 프로젝트에서 어느 정도 합의점을 찾는 것 같다. 레닌 문헌관리연구소를 위한 프로젝트는 유리로 된 구의 형태와 수직적으로 뻗은 탑으로 이루어져 있다. 커티스는 그의 작품에 대하여 "마치 건축가가 소비에트의 영웅과 마르크스 사상의 범신전에서 성스러움을 찾으려고 시도하는 것과 같이 시각적 경쾌함과 공간의 부유라는 두 개의 주제는 형이상학적인 내용과 같다."라고 하고 있다.

그림103 콘스탄틴 멜니코프 (Konstantin Melnikov), USSR 파빌리언, 아르데코 전시회, 1925

그림104 콘스탄틴 멜니코프(Konstantin Melnikov), 루사코프 노동자 클럽 (Rusakov Worker's Club), 1928

그러나 이러한 러시아 아방가르드 건축의 관념적이며 추상적인 것들은 한정된 지식계급들만의 것으로만 남으면서 쇠퇴하여갔다. 또한, 사회주의 집권체제에 있어서 사회적 가치관과의 차이를 나타내면서 1932년에 이르면서는 러시아 아방가르드의 건축가들이 사라지기 시작하였다.

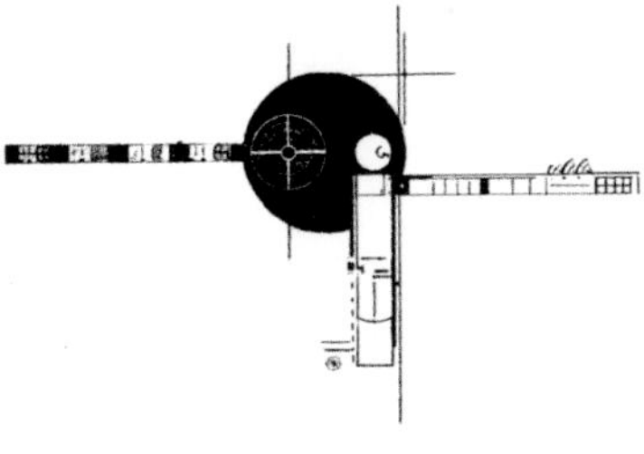

그림105 이반 레오니도프(Ivan Leonidov), 레닌 문헌관리연구소 (Lenin Institute of Librarianship)를 위한 프로젝트 평면, 1927

그림106 레닌 문헌관리연구소 (Lenin Institute of Librarianship)를 위한 프로젝트 모형

37) W. Jollos, Arte tedesca fra le due guerre, Mondadori, Milano, 1960, pp.51~52.

3. 독일 표현주의(German Expressionism)

3.1 표현주의(Expressionism)

건축에 있어서 표현주의는 1차 세계대전 후 독일의 예술 전반에서 나타난 운동이다. 전쟁에 대한 비판과 함께 일어난 사회주의자들의 11월 혁명 속에서 1918년에 『11월 그룹(Novembergruppe)』이라는 강한 정치성을 가진 예술운동 단체가 창설되었다. 월터 그로피우스(W. Gropius), 미스 반 데어 로에(Mies van der Rohe), 에릭 멘델존(E. Mendelsohn) 등이 가담한 11월 그룹은 대중과 예술 간의 관계의 혁신을 가져오려 하였으며, 이를 위해서 많은 선언들과 전시회를 가졌다. 이러한 11월 그룹의 이상은 그들이 존경하는 졸로스(W. Jollos)의 말에서 찾을 수 있다. 그는 "표현주의는 내면의 불가피함 속에서 살고 있는 모든 집합체들의 수용이거나 의지로서 그 의미는 매우 깊은 것이다. 표현주의는 추상예술이 그러했듯이 볼셰비즘과 우리들 시대의 최고의 정신이다…. 정치적 질서로부터의 예술은 매우 사사로운 것이며, 예술에 있어 최상의 의미 속에는 대중의 예술이 있다"[37]라고 하였다. 11월 그룹의 이러한 순수한 이상은 전체주의의 억압과 함께 사회주의와 건축이라는 이중적 상황에서 공존하여야 하는 대중예술의 현실을 간과하며 지나치게 단순한 방식으로 이해하려 하였다. 이러한 비약적 판단이 결국 자신들의 이상에 대한 공허감을

38) Bruno Zevi, L'Eredità dell'espressionismo in architettura, <<Marcatré>>, 1964. 7월호, p.8

자각하게 하면서 11월 그룹은 그리 오래가지 못하였다.

표현주의자들의 근대사회의 불안 속에서 가진 공상적 이상주의는 새로운 사회 이미지 창출을 위해 지속적으로 노력하였다. 브루노 타우트의 『고산지대의 건축(Alphine Architektur, 1919)』의 수채화에 나오는 산 정상의 집합주택에서 발광하는 빛은 마치 새로운 사회의 여명을 말하고 있는 듯하다. 이것은 신분과 계급, 그리고 국경도 없는 모든 것이 완벽한 이상 국가를 의미하고 있는 것이다.

표현주의에서 추구하였던 새로운 사회상을 향한 이상주의는 건축역사에 있어서 합리주의와 자연주의 사상을 만드는데 그 초석을 마련하게 되었다. 또한 브루노 제비(Bruno Zevi, 1918-2000)는 건축 역사에 있어서 표현주의 건축의 의의에 대하여 말하기를, "표현주의는 근대건축의 영원한 요소이다. 이는 역사의 추이와 건축가의 생애 속에서 계속적으로 사라졌다, 다시 재현된다. 표현주의는 가우디보다는 에릭 멘델존(Erich Mendelsohn)의 디자인들과 그의 작품 아인슈타인 타워(Einstein Tower)에서 태어난 것이며, 모든 것이 종말이라고 단언될 때 다시 살아난다. 더 이상 르 꼬르뷔제의 롱샹교회(Chapelle de Ronchamp)를 생각하지 말라. 라이트와 미스 반 데어 로에, 그리고 그로피우스의 경험들을 통하여 생각하자. 라이트에게 표현주의는 기본적으로 남아있다…. 그러나 현상은 더욱 폭넓고 총체적이다. 아카데미가 쇠퇴해 감에도 불구하고 여기에 부응하는 순응자들과 합리주의자들의 최면을 이겨내기 위해서는 절대적으로 표현주의를 향하여 달려가야 한다."[38]라고 하였다.

그림107 브루노 타우트(Bruno Taut), 고산지대의 건축 (Alphine Architektur), 1919

그러나 1920년대 중반에 이르러 표현주의의 개인적인 조형은 사회의 변화에 순응하기 어려워졌으며, 결과적으로 대중적 지지도 받지 못하게 되었다. 현실에 근거를 가진 신건축(Neuesbauen)은 이러한 표현주의 사상의 한계를 극복하면서 표현주의를 대체하게 되었다.

3.2 독일 표현주의 건축의 조형

독일 표현주의 건축은 1910년대 초에 1차 세계대전과 독일혁명을 배경으로 나타났다. 당시의 혼란한 사회에 다가올 새로운 사회이상과 이를 위한 예술과 대중의 이상적인 관계를 말하는 표현주의 사상은 빠르게 확산되었다.

독일 표현주의의 조형적 특성은 조소적인 성질이 강하며 작품에 있어서 복잡함과 부정형의 경향을 가지고 있음으로서, 강한 상징성을 가지고 있다.

네덜란드의 미첼 데 클럭(Michel de Klerk, 1884-1923), 피터 크라머(Pieter Kramer), 그리고 독일의 한스 푈찌히(Hans Poelzig, 1869-1936), 브루노 타우트, 오토 바트닝(Otto Bartning, 1883-1959), 휴고 헤링(Hugo Häring, 1882-1958), 에릭 멘델존, 월터 그로피우스 등은 대표적인 표현주의자들이다.

그림108 에릭 멘델존(Erich Mendelsohn), 아인슈타인 타워(Einstein Tower), 1920

그림109 에릭 멘델존
(Erich Mendelsohn, 1887-1953)

예술의 역할에 있어서 멘델존은 정신적 질서의 시각화와 내적인 작용과 자연의 리듬을 드러내는 것이라고 생각하였으며, 이는 건축의 형태 구성에 있어서도 감성의 해석을 바탕으로 그 특성을 이해하려고 하였다. 그의 수많은 스케치들은 이러한 조형성을 보여주고 있으며, 1920년에 포츠담(Potsdam)에 설계된 '아인슈타인 타워(Einstein Tower)'는 그의 이러한 감각적이면서 유기적인 조형성을 잘 표현하고 있는 실체이다. 외벽의 도려낸 듯한 창의 개구부 디자인과 흙으로 빚은 듯한 표면처리는 마치 플라스틱을 이용한 조소적 느낌을 주고 있다. 그리고 관측소가 가져야 하는 건물의 특수성을 그는 하부로 갈수록 점점 커지는 곡선의 형태를 이용하여 전체적으로 긴장감 있는 느낌이 되도록 하였다. 이와 같이 아인슈타인 타워는 멘델존의 건축 조형에 있어 감각적인 매스의 구성을 통한 내적 표현의 실체이다.

이후 그의 건축조형은 보다 입체적으로 되어갔으며, 이는 1920년대 후반의 그의 페테르스도르프 백화점과 유니베르줌 영화관(Universum Cinema) 계획안에 잘 드러나고 있다. 여기서 그의 건축적 요소는 외관에 있어 수평선을 강조하는 것으로 나타나고 있으며, 그는 이에 대해 말하기를 "방탕한 삶의 흥분 속에 있는 현대의 사람들은 압박감 없는 수평적 형태 속에서만 정신적 안정을 찾을 수 있다"라고 하고 있다.

그림110 에릭 멘델존(Erich Mendelsohn),
유니베르줌 영화관(Universum Cinema),
1929

그림111 루돌프 슈타이너(Rudolf Steiner),
괴테아눔(Goetheanum), 1923

1923년 루돌프 슈타이너(Rudolf Steiner)는 스위스 도르낙(Dornach)에 괴테아눔(Goetheanum)을 계획하였다. 괴테의 유기체 사상, 특히 형태학의 영향을 받은 슈타이너는 건축이란 자연의 유기체와 같이 생성·변화하는 것이라고 여겼다. 그의 이러한 사상은 철근 콘크리트의 가소성을 이용하여 생명을 상징하는 강한 조소적 형태로 나타나게 되었다.

프리츠 헤이거(Fritz Höger, 1877-1949)는 독일표현주의 건축에 있어 자연주의 사상과의 연계성을 보여주고자 하였다. 그의 자연주의 사상은 건물의 주요한 재료인 벽돌의 재료적 성격과 시공적 특성에 결부되어 진다. 첫째 재료적 성격에 있어, 벽돌은 자연의 산물인 흙을 가소하여 얻어진 것으로서 문자 그대로 자연적인 재료 자체임을 말한다. 둘째는 벽돌의 시공적 특성인 조적을 말하는 것으로, 기계적 수단이 아닌 사람의 노동을 통하여야 만이 가능한 것이다. 이는 과거 러스킨(J. Ruskin)이 자신의 예술론에서 노동의 신성함을 말하면서 예찬한 고딕 건축의 축조방식과 연결되어지는 것이다. 그의 작품으로, 사무소 건축인 칠리하우스(Chilehaus)는 대지의 형상을 따라 역동적으로 서있으면서, 건물의 외벽은 모두 벽돌의 요철에 의한 리드미컬한 패턴으로 이루어져있다.

그림112 프리츠 헤이거(Fritz Höger), 칠리하우스(Chilehaus), 1923

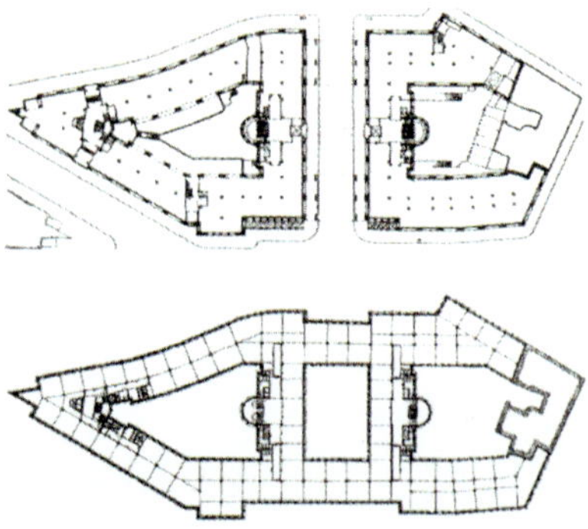

그림113 칠리하우스(Chilehaus) 평면

그러나 독일의 표현주의 건축은 1920년대 중반 이후 바이마르 공화국의 안정기와 더불어 그들의 이상이었던 유토피아의 꿈은 더 이상 대중들에게는 의미가 없게 되었다. 이는 감성적이며 그리고 지나치게 개인적인 표현주의의 조형의 쇠퇴를 가져오게 하기도 하였다.

그림114 루돌프 슈타이너 (Rudolf Steiner, 1861-1925)

그림115 프리츠 헤이거 (Fritz Höger, 1877-1949)

토니 가르니에 Tony Garnier ··· 토마스 램 Thomas Lamb
onard Fontaine ··· 피에르 샤로우 Pierre Chareau ··· 피에트 몬드리안 Piet Mondrian
필립 존슨 Philip Johnson ··· 한네스 마이야 Hannes Meyer
루스 베를라헤 Hendrick Petrus Berlage ··· 헨리 러셀 히치콕 Heney-Russell Hitchcock ··· 헨리
Guido Frette ··· 까를로 스카르파 Carlo Scarpa ··· 까를로
단크마어 아들러 Dankmar Adler ··· 데니스 크롬톤 Dennis Crompton
ond Hood ··· 루돌프 쉰들러 Rudolph M. Schindler ··· 리처드 노먼 쇼 Richard Norman Shaw
마리오 키아토네 Mario Chiattone ··· 마이크 웹 Mike Webb
iss van der Rohe ··· 미하엘 디 크레르트 Michael de Klerk ··· 미첼 데 클릭 Michel de Klerk
runel ··· 브루넬리스키 Brunellesch ··· 브루노 제비 Bru
Semper ··· 구스타프 에펠 Gustave Eiffel ··· 귀도 프레떼 G
다니엘 리벤스킨 Daniel Libeskind ··· 다니엘 번햄 Daniel H. Burnham
-Nagy ··· 레오 본 크렌체 Leo von Klenze ··· 레이먼드 후드 Raymond Hood
tin Roche ··· 마리오 보타 Mario Botta
만푸레도 타푸리 Manfredo Tafuri ··· 맥크무르도 A. H. Mackmurdo
발터 그로피우스 Walter Gropius ··· 발터 크레인 Walter Crane
루베트킨 Berthold Lubetkin ··· 브세볼로드 마이어홀드 Vsevolod Meyerhold
bastiano Larco ··· 스탠포드 화이트 Stanford White ··· 아나똘 드 보도 Anatole
아우렐리오 갈페티 Aurelio Galfetti ··· 안토니오 가우디 Antonio Gaudi ··· 안토
hannes Pieter Oud ··· 어거스트 페레 Auguste Perret ··· 어니스트 랜섬 Earnest Ransome
as Ungers ··· 오스카 슐레머 Oskar Schlemmer ··· 오토 바트닝 Otto Bartning
요하네스 브린크만 Johannes Brinkmann ··· 우발도 카스타뇰리 Ubaldo
스 William Morris ··· 윌리엄 반 알렌 William van Allen ··· 윌리엄 르 바론 제니 William Le Baron Jenny
제임스 스털링 James Stering ··· 조르죠 그라시 Giorgio Grassi
존 미드 하웰스 John Mead Howells ··· 죠셉 팩스톤 Joseph Paxton
bert Ashbee ··· 찰스 무어 Charles Moor ··· 찰스 프란시스 앤슬
칼 프리드리히 쉉켈 Karl Friedrich Schinkel ··· 커티스 William J. R. Curtis
텍톤 Tecton ··· 토니 가르니에 Tony Garnier ··· 토마스 램 Thomas Lamb
프랑크 로이드 라이트 Frank Lloyd Wright ··· 프리츠 헤이거 Fritz H?ger
Peter Einsenman ··· 피터 쿡 Peter Cook
olain ··· 에르만 무테지우스 Hermann Muthesius ··· 에르만 오
세볼로드 마이어홀드 Vsevolod Meyerhold ··· 블라디미르 타틀린 Vladimir Tatlin
아나똘 드 보도 Anatole de Baudot ··· 아달베르토 리베라 Adalberto Libera
안토니오 상텔리아 Antoni Sant'Elia ··· 알도 로시 Aldo Rossi ··· 알렉산데르 베스
ome ··· 에로 사리넨 Eero Sarrivan ··· 에릭 멘델존 Erich Mendelsohn
오토 엑크만 Otto Eckmann ··· 오토 와그너 Otto Wagner
aldo Castagnoli ··· 움베르토 보쵸니 Umberto Boccioni ··· 워렌 초크 Warren Chalk
윌리엄 리차드 레더비 William Richard Lethaby ··· 윌리엄 호라버드 William Holabird
제임스 스털링 James Stering ··· 조르죠 그라시 Giorgio Grassi
존 미드 하웰스 John Mead Howells ··· 죠셉 팩스톤 Joseph Paxton
bert Ashbee ··· 찰스 무어 Charles Moor ··· 찰스 프란시스 앤슬
azimir Malevich ··· 칼 프리드리히 쉉켈 Karl Friedrich Schinkel ··· 커티스 William
토니 가르니에 Tony Garnier ··· 토마스 램 Thomas Lamb
onard Fontaine ··· 피에르 샤로우 Pierre Chareau ··· 피에트 몬드리안 Piet Mondrian
필립 존슨 Philip Johnson ··· 한네스 마이야 Hannes Meyer
루스 베를라헤 Hendrick Petrus Berlage ··· 헨리 러셀 히치콕 Heney-Russell Hitchcock ··· 헨리
Guido Frette ··· 까를로 스카르파 Carlo Scarpa ··· 까를로
단크마어 아들러 Dankmar Adler ··· 데니스 크롬톤 Dennis Crompton
ond Hood ··· 루돌프 쉰들러 Rudolph M. Schindler ··· 리처드 노먼 쇼 Richard Norman Shaw
마리오 키아토네 Mario Chiattone ··· 마이크 웹 Mike Webb
iss van der Rohe ··· 미하엘 디 크레르트 Michael de Klerk ··· 미첼 데 클릭 Michel de Klerk
Brunel ··· 브루넬리스키 Brunellesch ··· 브루노 제비 Br

VI. 미국의 근대건축운동

American Modern Architecture

1. 아메리칸 보자르

1.1 아메리칸 보자르

미국의 건축에 있어서 자기표현의 원천 속에는 토마스 제퍼슨(Thomas Jefferson, 1743-1826)의 영향이 누구보다도 크다. 미국 독립선언의 기초자이며 미합중국의 3대 대통령인 그는 1774년에서 1779년까지를 프랑스대사로서 파리에서 지내면서 프랑스 고전주의 건축에 크게 공감하게 되었다. 제퍼슨은 건축이란 한 나라의 문화적 가치의 반영이고 그 질서는 사회에 있어서 대단히 중요한 것이라고 인식하고 있었다. 그리고 건축물이 아름다워 그 이상이 넘치는 것이라면 이는 국민의 취향이 향상된 것을 의미하는 것으로서, 세계의 존경을 얻을 수 있다고 믿었다.

역사가 짧아 건축적 전통이 존재하지 않은 미국에 필요한 것은 명쾌한 건축원리로, 고전주의의 심메트릭(Symmetric, 좌우대칭)을 기본으로 하는 구성법은 신천지에 공간의 질서를 부여할 때에 공감을 얻기 쉬운 것이었다. 제퍼슨은 몬티첼로(Monticello, 1809)에 있는 자신의 별장, 리치몬드의 버지니아주 의회의사당(1796년), 버지니아대학(1817-26) 등에서 그의 건축이상을 표현하였다. 또한 정치가로서의 제퍼슨은 1785년에 서부를 겨냥한 토지조례를 통과시켰으며, 1789에서 1794년에 걸쳐서는 국방장관으로서 워싱톤(Washington)시의 기초를 굳건히 함과 동시에 국회의사당의 설계경기도 개최하였다.

그가 통과시킨 토지조례는 새로운 서부지역을 1마일의 동서남북의 격자(Grid)로 분할하여 이를 토지개발의 단위로 한 것이었다. 실제로 도시를 계획하는데 있어서

39) 김경준 역, 공간 시간 건축, 시공문화사, 1998, p.359

이처럼 국토전체에 걸쳐있는 격자형의 토지구획에 맞추어 계획하는 것은 곤란하였다. 그러나 한정된 구역을 격자의 도로와 방사선의 도로를 조합시킴으로 구획하는 방법은 많이 사용되었다. 이것은 19세기 나폴레옹 3세 때에 파리에서 오스만에 의해 대대적으로 시도되었던 것과 같은 바로크적 도시계획으로서, 도시를 한눈에 알기 쉽게 하였다.

이러한 미국의 초기 건축적 배경 속에서 1893년 시카고에서 개최된 시카고 만국박람회(Chicago World's Fair)는 미국 건축의 전개에 있어서 결정적인 의미를 가지게 되었다. 시카고파의 중심인물인 다니엘 번햄(Daniel H. Burnham, 1846-1912)은 박람회의 지휘를 맡았지만, 시카고파의 고층 건축의 디자인보다는 미국의 동부에서 진행되고 있는 프랑스 보자르 풍의 고전주의 건축을 보다 더 높은 것으로 믿고 있었다. 결국 그는 박람회장의 전체 구성에 있어 고전주의적인 조형에 바탕을 둔 도시상으로 화이트 시티(White City)를 만들어 내었다. 화이트 시티는 파리 보자르 풍의 축, 가로, 시점, 그리고 도시공간과 공공기관을 위한 일련의 전통적 기교들의 조합으로 미국 도시계획에 있어 하나의 모델이 되었다.

미국 근대 건축에서 고전주의는 시카고 박람회를 통하여 범국가적인 주도권을 가지게 되었으며, 이것은 시카고파의 근대건축의 발전에 큰 타격을 주면서 미국의 근대 건축에 있어서 많은 회의론적 의견이 생겨나게 하였다. 루이스 설리반은 이것에 대해 "시카고 박람회가 이 나라에 가한 피해는 반세기 이상 지속될 것이다"[39]며 그의 자서전에서 비판하기도 하였다.

이후 미국에서는 시카고 박람회를 계기로 현대의 도시들이 고전주의적인 조화미를 갖추기 위한 도시 미화 운동이 일어났다. 대표적으로는 1791년에 피에르 랑팡

그림116 시카고 만국박람회 (Chicago World's Fair), 1893

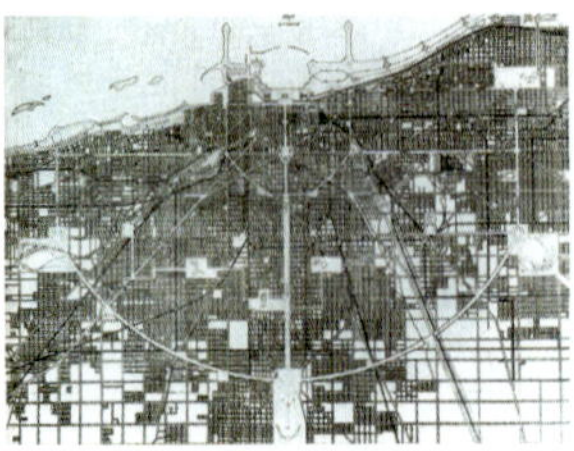

그림117 다니엘 번햄(Daniel H. Burnham) 시카고 정비계획, 1909

그림118 맥킴/미드 앤 화이트
(Mckim/ Mead & White)

(Pierre L Enfant, 1754-1825)에 의한 워싱톤 계획안에 기초를 한 도시정비 계획안이 있으며, 번햄 역시 시카고 계획과 샌프란시스코 계획에서 이러한 경향을 보여주었다.

번햄의 시카고 계획에는 고층빌딩은 존재하지 않고 있으나. 돔 지붕의 시청사가 도시 중심부에 우뚝 솟아있으며 방사선의 가로수 길과 공원들은 오픈스페이스를 제공하면서 교통을 원활히 하는 용도로 계획되어 있었다.

19세기 말부터 20세기 초에 걸쳐 미국에서 진행되는 고전주의 건축은 챨스 포렌 맥킴(Charles Follen Mckim, 1847-1909), 윌리엄 러더포드 미드(William R. Mead, 1846-1928), 그리고 스탠포드 화이트(Stanford White, 1853-1906)에 의해 건축의 모든 영역에서 발전하게 된다. 이들은 1979년 공동설계사무소인 맥킴/미드 앤 화이트(Mckim/ Mead & White)를 열게 되었다. 이들은 비약한 발전으로 인한 미국 도시의 무질서 속에서 도시의 위엄을 살리기 위하여 공공건축을 중심으로 엄격한 고전주의 건축을 계획하였다. 1885년의 빌라드 저택에서의 이탈리아 르네상스 양식과 1895년 보스톤 공공도서관에서 보이는 팔라디안 풍의 양식이 대표적이다.

그림119 맥킴/미드 앤 화이트
(Mckim/ Mead & White),
빌라드 저택, 1885

그림120 맥킴/미드 앤 화이트
(Mckim/ Mead & White),
보스톤 공공도서관, 1898

그림121 맥킴/미드 앤 화이트
(Mckim/ Mead & White),
펜실베니아 역(Pennsylvania Station), 1910

이러한 맥킴/미드 앤 화이트가 추구하는 엄격하고 장대한 고전주의 정신은 1910년 뉴욕의 펜실베니아 역(Pennsylvania Station)에서 강하게 나타난다. 사방이 거대한 열주들로 이루어진 역사는 내부의 대공간인 대합실에서 마치 로마의 카라칼라 욕장에서 보이는 웅장한 공간감을 연출하고 있다.

1.2 헨리 루이스 설리반(Henry Louis Sullivan, 1856-1924)

1893년의 시카고 만국박람회는 뉴욕을 중심으로 하는 상업고전주의가 시카고로 넘어들어 대중을 열광시키면서, 결국 미국 전체의 권위를 갖게 되는 기회를 가져다 주었다. 설리반은 프랑스의 고전주의를 모방한 박람회에 대항하여 교통관의 정면을 유기적인 장식으로 표현하였다. 그러나 이는 실제로 악평을 들었으며 이에 대하여 설리반은 "시카고 만국박람회 때문에 국가에 미친 악영향이 반세기는 지속될 것이다"라고 예견하였으며, 실제로 그 당시의 미국의 많은 건축가들은 프랑스 파리의 미술학교에서 교육을 받으면서 프랑스 아카데미의 교설에 충실하였다. 이러한 의미에서 미국의 근대운동은 1930대까지 단절되었다고 할 수 있다. 이러한 때에 유럽의 신조형운동과는 별도로 리차드슨과 설리반이 새로운 조형을 모색하고 있었다.

그림122 루이스 설리반(Louis Sullivan)과 댄크머 애들러(Dankmar Adler), 오디토리움 빌딩(Auditorium Building), 1889

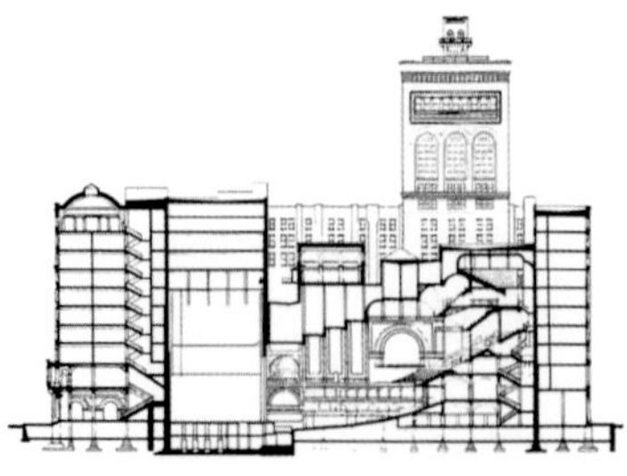

그림123 오디토리움 빌딩 단면도 (Auditorium Building), 1889

그림124 헨리 루이스 설리반
(Henry Louis Sullivan, 1856-1924)

시카고파의 구조기술의 발전과는 별도로 당시 아메리카 동부의 강력한 세력을 가지고 있었던 상업적 고전주의에 최초로 도전하는 사람은 설리반이었다. 그에게 있어 건축은 생물이 자신의 모습을 자신의 신체조직으로서 형태를 만드는 것처럼 '형태는 기능에 따른다(Form follows Function)'라는 생물학의 원리에 따라 조형을 창조해야 한다는 것이었다. 따라서 결코 부가적인 장식은 건축의 본질을 나타낼 수 없다고 생각하였다. 그러나 그는 실제적으로 그의 작품에서는 격렬한 장식조차 거부하지 않았다.

그는 1889년에 오디토리움 빌딩(Auditorium Building)에서 아르누보와 비슷한 식물의 기묘한 장식적 모티브를 만들어 낸다. 설리반은 『유기적 건축』에 어울리는 『유기적 장식』을 주장하였으며, 이러한 아르누보적인 장식은 1891년의 웨인트라이트 빌딩(Wainwight Building)과 1893년 시카고 만국박람회 교통관에서도 나타나며, 1895년 버팔로에 건설한 개런티 빌딩(Guarantee Building)은 구조체의 모든 표면이 장식으로 가득하게 하였다. 반면에 1904년의 칸스 피리 스코트백화점에서는 1, 2층에서 보다 강렬한 장식을 사용하였으나 3층 이상에서는 단순한 구조를 보여주고 있다. 이러한 것들은 설리반의 그의 이론과 작품 사이에 차이가 있음을 보여주고 있다고 하겠다.

그림125 루이스 설리반(Louis Sullivan)과 댄크머 애들러(Dankmar Adler), 웨인트라이트 빌딩(Wainwight Building), 1891

그림126 루이스 설리반(Louis Sullivan)과 댄크머 애들러(Dankmar Adler), 개런티 빌딩(Guarantee Building), 1895

2. 시카고학파

1776년에 독립선언을 한 미합중국은 유럽의 직계자손이며, 새로운 신천지를 구축해 나가야하는 운명에 놓여 있었다. 미국은 1809년에 시카고강이 미시간호(Michigan Lake)로 흘러가는 것을 막기 위해 디아본댐을 건설함으로서 시카고(Chicago)를 발전시켰다. 시카고는 미국대륙 중부의 대초원과 북부의 산림을 바탕으로 농업과 임업을 위주로 발전하였으나, 오대호에 면하는 교통의 편리함을 이용하여 상업도시로 변모해 갔다.

1871년의 시카고 대화재는 도시의 대부분을 전소시키는 미증유의 피해를 가져왔으며 그 피해액이 약 1억9천 달러이며 10만 명 이상의 시민들은 살 곳을 잃게 되었다. 피해를 입은 도심부의 재건과정에서 상업도시의 중요성을 받아들이면서 근대적이고 경제적인 오피스 빌딩군의 건설이 시작되었다.

시카고파 건축은 고층이라는 새로운 유형과 내화로 된 새로운 철골구조, 그리고 오티스 승강기(Otis Elevator)에 의해 이루어진 새로운 건축형태로서 오피스(Office) 건축이 그 주(主)를 이루게 되었다.

이러한 배경은 시카고파 건축의 출발점이 기본적으로 오피스 빌딩(Office Building)이 될 수 있었다. 원래 오피스라는 언어는 대규모 주택의 가사나 가정관계의 일을 위한 제실(부엌, 식품저장고, 가정집무실 등)을 의미하는 것으로, 미술관으로서 유명한 피렌체(Fireze)의 우피치(Uffici)도 실제로는 코지모 1세(Cosimo I)에 의해 피렌체의 행정사무를 집행한 건물로서 지어진 것이다. 이러한 오피스 건축은 20세기 근대건축의 주제이며 근대도시를 구성하는 근대의 산물이다.

그림127 윌리엄 르 바론 제니
(William Le Baron Jenny, 1832-1907)

근대도시의 이념을 강력히 주장한 선언으로서 『건축과 도시의 역사』로 유명한 『아테네헌장』(1933년)은 오피스에 대하여 다음과 같이 기술하고 있다.

"공업의 비약은 필연적으로 사무, 사적인 관리집무, 상업을 파생시킨다. 이러한 분야에 대하여 구체적인 조사나 또한 인식조차 없었다. 공장에서 물건이 만들어지면 팔거나 사는 행위가 요구되며, 따라서 공장·공방의 공급자와 고객과의 사이를 중계하는 역할이 필요하게 된다. 이러한 거래에 사무소가 필요하다"

"사무소는 도시 내에 집중하여 업무가를 만들었다"

이와 같이 오피스빌딩의 성립은 근대도시를 기본적으로 성격 지어 주고 있으며 오피스는 도시의 중심을 점유하게 된다. 이러한 현상은 역(易)으로 오피스 빌딩이 집중하는 지역은 도시의 중심부로 인식되게 되었다.

시카고에서 고층 건축이 건설된 시기는 1880년대 부터로서 일반적으로 보험회사와 공공건물들이 주(主)를 이루었다.

고층 건축에 있어서 철골구조 빌딩을 확립한 건축가는 윌리엄 르 바론 제니(William Le Baron Jenny, 1832-1907)이다. 시카고파는 창시자인 제니를 위시하여 헨리 홉슨 리차드슨(Henry Hobson Richardson, 1838-86), 마르틴 로헤(Martin Roche, 1855-1927), 윌리엄 호라버드(William Holabird, 1854-1923), 헨리 루이스 설리반(Henry Lousis Sullivan, 1850-1924), 단크마어 아들러(Dankmar Adler, 1844-1900) 등에 의해 만들어 졌으며, 소위 『시카고 구조』와 『시카고 창』을 만들어 내었다.

제니는 파리의 수공예 중앙학교를 다녔으며 남북전쟁 당시에는 기술 장교로서 전쟁에 참가하였다. 그는 시카고에서 건축가로서 활동을 시작하여 최초의 철골구조

40) 김경준 역, 공간 시간 건축, 시공문화사, 1998, p.349.

고층빌딩인 퍼스트 라이터 빌딩(First Leiter Building, 1879)을 계획하였으며, 계속하여 홈 인슈런스 빌딩(Home Insurance, 1885)을 계획하였다. 이러한 고층건물의 철골구조는 석조빌딩의 1/3의 중량으로 건설할 수 있었다고 한다.

기디온은 퍼스트 라이터 빌딩을 건설 방법의 순수성이 건축적으로 승화된 듯한 작품으로 골조를 건축적 수단으로 사용하는 이러한 방식 이면에 내재된 정신은 현대건축에서 더 큰 발전을 보아 르 꼬르뷔제의 1932년도 작품인 제네바(Geneva)의 메종 드 베르가 이러한 발전과정의 후기 형태를 보여주고 있다고 하였다.[40]

홈 인슈런스 빌딩이 완성된 해에 파리에서 보자르교육을 배운 헨리 홉슨 리차드슨은 시카고에 마샬 필드상회(Marshall Field WholeSale Store)를 설계하였다. 이 건물은 대규모 상점으로 엄격한 대칭성과 위계적인 계획에 의한 것이다. 내부는 장스팬을 위한 철골구조를 취하고 있으며, 외부는 거친 화강암과 사암으로 이루어져 있다. 파사드를 이루는 재료와 개구부의 비례에서 보이는 건물의 이미지는 마치 피렌체의 루첼라이궁(Palazzo Lucellai)과 같이 강하며 위엄을 가지고 있어 마치 도시의 기념물과 같다. 또한 1891년에는 다니엘 번햄과 존 루트(John Root, 1850-1891)에 의해 머나덕 빌딩(Monadnock Building)이 지어졌으며, 또한 1895년에는 릴라이언스 빌딩(Reliance Building)이 세워졌다. 릴라이언스 빌딩은 그 당시

그림128 윌리엄 르 바론 제니 (William Le Baron Jenny), 퍼스트 라이터 빌딩 (First Leiter Building), 1879

그림129 르 꼬르뷔제(Le Corbusier), 메종 클라르테, 1932

그림130 헨리 홉슨 리차드슨
(Henry Hobson Richardson),
마샬 필드상회
(Marshall Field WholeSale Store),
1887

시카고에서 가장 아름다운 건축물이다.

머나덕 빌딩은 벽돌조의 내력벽을 외벽으로 한 16층 높이의 고층 건축물로서 엄숙함과 실용성이 결합된 건물이다. 외부의 내력벽은 저층부에서 1.8m의 두께에 달하고 있으며 건물에 높은 곳은 바람에 견디면서도 창문 구획에서 안전장치 역할을 할 수 있도록 구조상 몇 개의 측면 강철 버팀대를 두었다.

릴라이언스 빌딩은 15층의 유리타워로 저층부는 다소 어두운 석재로 되어있어 건물의 몸통부를 이루고 있는 유리와 흰색의 광택타일과 극단적인 대조를 보이고 있다. 시카고 창을 통한 수평적 느낌의 파사드의 경쾌함 속에서 시카고파의 정신을 볼 수 있다. 기디온은 릴라이언스 빌딩이 1921년 미스 반 데어 로에의 유리타워 계획안의 모태로서 미래의 선구자적인 가치를 가지고 있다고 하였다. 이러한 건축물은 모두가 철골구조로서 지금까지의 양식적 표현에 의지하지 않은 표현을 나타내고 있다.

시카고에서의 건축 발전은 구조 기술의 커다란 흐름 속에서 생각되어져야 할 것이며, 동시에 시카고학파는 오피스라는 근대사회가 탄생시켜 발전시킨 새로운 건축유형을 탄생시키고 발전가능하게 하였다는 커다란 역사적 성과를 남기었다.

그림131 다니엘 번햄(Daniel H. Burnham)과
존 루트(John Root),
머나덕 빌딩(Monadnock Building),
1891

그림132 다니엘 번햄(Daniel H. Burnham)과
존 루트(John Root),
릴라이언스 빌딩(Reliance Building),
1895

토니 가르니에 Tony Garnier ····· 토마스 램 Thomas Lamb
onard Fontaine ····· 피에르 샤로우 Pierre Chareau ····· 피에트 몬드리안 Piet Mondrian
필립 존슨 Philip Johnson ····· 한네스 마이야 Hannes Meyer
루스 베를라에 Hendrick Petrus Berlage ····· 헨리 러셀 히치콕 Heney-Russell Hitchcock ····· 헨리
Guido Frette ····· 까를로 스카르파 Carlo Scarpa ····· 까를로
단크마어 아들러 Dankmar Adler ····· 데니스 크롬톤 Dennis Crompton
ond Hood ····· 루돌프 쉰들러 Rudolph M. Schindler ····· 리처드 노먼 쇼 Richard Norman Shaw
마리오 키아토네 Mario Chiattone ····· 마이크 웹 Mike Webb
liss van der Rohe ····· 미하엘 디 크레르트 Michael de Klerk ····· 미첼 데 클럭 Michel de Klerk
Brunel ····· 브루넬리스키 Brunellesch ····· 브루노 제비 Br
Semper ····· 구스타프 에펠 Gustave Eiffel ····· 귀도 프레떼 G
다니엘 리벤스킨 Daniel Libeskind ····· 다니엘 번햄 Daniel H. Burnham
-Nagy ····· 레오 본 크렌체 Leo von Klenze ····· 레이먼드 후드 Raymond Hood
rtin Roche ····· 마리오 보타 Mario Botta
만푸레도 타푸리 Manfredo Tafuri ····· 맥크무르도 A. H. Mackmurdo
발터 그로피우스 Walter Gropius ····· 발터 크레인 Walter Crane
루베트킨 Berthold Lubetkin ····· 브세볼로드 마이어홀드 Vsevolod Meyerhold
bastiano Larco ····· 스탠포드 화이트 Stanford White ····· 아나톨 드 보도 Anatole
아우렐리오 갈페티 Aurelio Galfetti ····· 안토니오 가우디 Antonio Gaudi ····· 안토
hannes Pieter Oud ····· 어거스트 페레 Auguste Perret ····· 어니스트 랜섬 Earnest Ransome
as Ungers ····· 오스카 슐레머 Oskar Schlemmer ····· 오토 바트닝 Otto Bartning
요하네스 브린크만 Johannes Brinkmann ····· 우발도 카스타뇰리 Ubaldo
William Morris ····· 윌리엄 반 알렌 William van Allen ····· 윌리엄 르 바론 제니 William Le Baron Jenny
제임스 스털링 James Stering ····· 조르죠 그라시 Giorgio Grassi
존 미드 하웰스 John Mead Howells ····· 죠셉 팩스톤 Joseph Paxton
bert Ashbee ····· 찰스 무어 Charles Moor ····· 찰스 프란시스 앤슬
칼 프리드리히 쉰켈 Karl Friedrich Schinkel ····· 커티스 William J. R. Curtis
텍톤 Tecton ····· 토니 가르니에 Tony Garnier ····· 토마스 램 Thomas Lamb
프랭크 로이드 라이트 Frank Lloyd Wright ····· 프리츠 헤이거 Fritz H?ger
Peter Einsenman ····· 피터 쿡 Peter Cook
olain ····· 에르만 무테지우스 Hermann Muthesius ····· 에르만 오
세볼로드 마이어홀드 Vsevolod Meyerhold ····· 블라디미르 타틀린 Vladimir Tatlin
아나톨 드 보도 Anatole de Baudot ····· 아달베르토 리베라 Adalberto Libera
안토니오 상텔리아 Antoni Sant'Elia ····· 알도 로시 Aldo Rossi ····· 알렉산데르 베스
ome ····· 에로 사리넨 Eero Sarrivan ····· 에릭 멘델존 Erich Mendelsohn
오토 엑크만 Otto Eckmann ····· 오토 와그너 Otto Wagner
aldo Castagnoli ····· 움베르토 보쵸니 Umberto Boccioni ····· 워렌 초크 Warren Chalk
윌리엄 리챠드 레더비 William Richard Lethaby ····· 윌리엄 호라버드 William Holabird
제임스 스털링 James Stering ····· 조르죠 그라시 Giorgio Grassi
존 미드 하웰스 John Mead Howells ····· 죠셉 팩스톤 Joseph Paxton
bert Ashbee ····· 찰스 무어 Charles Moor ····· 찰스 프란시스 앤슬
azimir Malevich ····· 칼 프리드리히 쉰켈 Karl Friedrich Schinkel ····· 커티스 William
토니 가르니에 Tony Garnier ····· 토마스 램 Thomas Lamb
onard Fontaine ····· 피에르 샤로우 Pierre Chareau ····· 피에트 몬드리안 Piet Mondrian
필립 존슨 Philip Johnson ····· 한네스 마이야 Hannes Meyer
루스 베를라에 Hendrick Petrus Berlage ····· 헨리 러셀 히치콕 Heney-Russell Hitchcock ····· 헨리
Guido Frette ····· 까를로 스카르파 Carlo Scarpa ····· 까를로
단크마어 아들러 Dankmar Adler ····· 데니스 크롬톤 Dennis Crompton
ond Hood ····· 루돌프 쉰들러 Rudolph M. Schindler ····· 리처드 노먼 쇼 Richard Norman Shaw
마리오 키아토네 Mario Chiattone ····· 마이크 웹 Mike Webb
Miss van der Rohe ····· 미하엘 디 크레르트 Michael de Klerk ····· 미첼 데 클럭 Michel de Klerk

VII. 합리주의 건축

Rationalism

1. 바우하우스(Bauhaus)

1.1 바우하우스

1919년에 바이마르(Weimar)에는 이전부터 이 지역에 있었던 공예학교와 미술대학이 있었다. 이 두 개의 학교가 통합되면서 만들어진 것이 새로운 조직인 바우하우스(Bauhaus, 1919-33)[41)]라는 국립학교이다. 바우하우스는 당시 바이마르 공예학교의 교장이었던 앙리 반 데 벨데(Henri Van de Velde)가 자신의 후임으로 그로피우스(W. Gropius)를 추천함으로서 그로피우스가 바우하우스를 맡게 되었다. 그로피우스는 바우하우스에 근대적인 디자인을 위한 새로운 방향으로 예술에 있어서 기계의 중요성을 강조하였으며, 이는 예술과 산업의 일체화된 교육을 가져오게 하였다.

바우하우스의 대담한 교육제도 개혁은 교육과정에 있어서 과거의 양식을 가르치는 역사수업을 삭제하였으며, 이러한 점은 바우하우스가 근대정신을 표방하고 있음을 강하게 보여주는 것으로 역사에 근거를 두는 교육, 과거의 계승과 세련됨이라는 교육은 예술교육에는 필수적인 것이지만 새로운 운동체로서의 교육에는 불필요하다는 판단이 작용하였다고 볼 수 있다.

초기의 바우하우스는 당시 모든 독일 예술에 스며들어 있는 표현주의적 성향에서 탈피하기를 원하면서 그로피우스는 많은 응용미술 분야의 예술가들을 교수로 초빙하여 학생들을 가르치게 하였다. 대표적인 예술가로는 요하네스 이텐(Johannes Itten, 1888-1967)이다. 그는 바우하우스에서 건축교육을 위한 예비교육을 담당하였으며, 그의 예비교육에서는 학생들이 기존의 관념에서 벗어나 자유와 개성을 가질 수 있도록 하였다.

예술과 산업의 일체화를 표방하는 바우하우스에서는 대량생산을 위한 형태의 디

41) 『건축의 집』이라는 의미의 바우하우스는 중세교회의 건축을 맡았던 장인들이 살았던 막사, 또는 그들의 조직명에서 유래하였다.

자인이 학생들이 배워야 되는 것이었으며, 이를 위해서 그로피우스는 형태학습(Formlehre)과 실기학습(Werklehre)의 통합을 추구하였다. 또한 바우하우스 교육에 있어서 가장 큰 특징은 건축을 통한 다양한 예술들의 완성에 있었다. 바우하우스는 건축을 최종적인 예술행위로 보았으며, 건축을 원하는 모든 학생들은 반드시 수공예와 기술을 우선적으로 습득하도록 하였다.

1921년에 바우하우스는 파울 클레(Paul Klee)가 오면서부터 기존의 경향 보다 더 추상주의적 성격으로 변모하게 되었다. 바실리 칸딘스키(Wassily Kandinsky, 1866-1944)와 모홀리 나기(Lázló Moholy Nagy, 1895-1946)가 교수진으로 가세를 하면서 바우하우스의 추상주의적 경향은 전반적으로 나타나게 되었다.

예술가들의 공방활동을 중심으로 이루어지는 바우하우스의 새로운 교육방식은 기존의 그것과는 많이 달랐으며, 또한 비정치성을 띠면서 혁신을 주장한 바우하우스는 바이마르에 있는 기존의 보수 세력들과 정치세력들에 의해 많은 비난을 받게 되었다.

바우하우스는 사회민주주의적 입장을 고수함으로서 극좌세력으로부터 뿐만 아니라 극우세력으로부터도 공격을 받는 운명에 놓이게 되었다. 좌익의 비평가는 '얼마나 훌륭한 것인지는 모르지만, 이러한 조국이 위기에 처해있는 시대에 미술학교는

그림133 발터 그로피우스(Walter Gropius), 바우하우스 선언서 표지, 1919

그림134 요하네스 이텐 (Johannes Itten), 화이트 맨 하우스, 1920

은 아나크로니즘(Anachronism)의 정도가 너무 지나치다' 라고 공격하였으며, 우익으로부터는 '바우하우스 교육프로그램을 지리멸렬이다' 라고 공격하면서 아카데믹한 미술교육과 미술공예가의 이익을 옹호하였다.

바우하우스는 1925년에 괴테와 같은 문화적 전통성이 강한 바이마르에서 일어난 반-바우하우스적 분위기에 의해 데사우(Dessau)로 이전을 하게 되었다. 데사우로 이전 한 바우하우스는 제 3의 부흥기를 맞이하고자 하였으며, 이에 그로피우스는 데사우의 새로운 바우하우스 교사를 위하여 설계를 하게 되었다. 여기에는 모든 예술이 통합되어 나타나는 바우하우스의 정신이 표현되어야 하였다.

이러한 노력으로 새로운 곳에 자리 잡은 바우하우스는 황금기를 가지게 되었다. 바실리 칸딘스키와 파울 클레가 형태학습, 모홀리 나기와 마르셀 브로이어(Marcel Breuer, 1902-1981)가 설계를 지도하였으며, 요셉 알베르스(Josef Albers, 1888-1976)는 색채연구를 담당하였다. 이때에 발간된 바우하우스 총서(Bauhausbücher)는 이러한 여러 분야에 대한 사상을 기술한 것으로 당시 독일의 근대 예술에 있어서 큰 관심을 불러일으켰다.

1928년 그로피우스는 이러한 분위기 속에서 바우하우스를 떠나게 되었으며, 그의 후임으로 한네스 마이야(Hannes Meyer, 1889-1954)가 계승하였다. 그러나 이후 그로피우스와 함께 모홀리 나기, 브로이어, 바이어 등도 교수진을 떠났으며, 더욱이 마이야의 좌익적 경향에 대하여 정치적 압력이 강해져갔다. 이리하여 학장자리는 1930년 미스 반 데어 로에로 위임되었으며, 1932년 나치의 정권획득과 함께 바우하우스의 국제주의적, 사회주의적 경향을 이유로 결국 폐쇄의 운명에 놓이게 되었다. 이후, 1933년 베를린에 자유 바우하우스가 재건되지만 수개월의 운명으로 폐쇄되면서 바

그림135 발터 그로피우스(Walter Gropius), 데사우(Dessau) 바우하우스, 1926

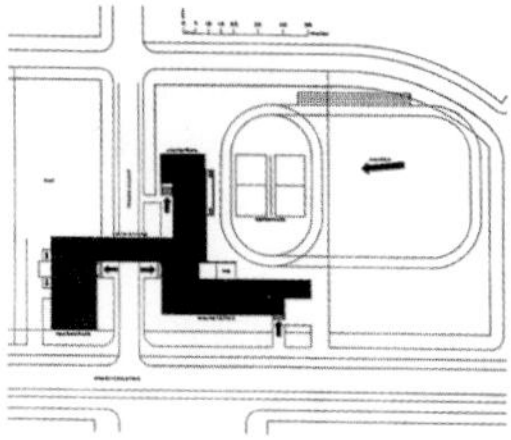

그림136 데사우(Dessau) 바우하우스 배치도

우하우스의 교수와 학생도 국가의 적(敵)으로서 추방되어 많은 해외 망명자를 낳게 되었다.

그러나 강렬한 모닥불의 그 중심을 두드리면 반대로 불씨가 사방으로 번져나가듯이, 나치의 바우하우스의 폐쇄는 이와 같은 결과를 만들게 되었다. 하버드대학에 초빙되어 건축과 교수가 된 그로피우스를 위시하여 많은 바우하우스 멤버가 아메리카로 이주하여 바우하우스의 정신을 전하게 된 것이었다. 이것은 바우하우스 정신이 아메리카의 디자인 운동과 디자인 교육의 추진력으로 작용하게 되었다. 그중에서도 모홀리 나기가 시카고에 개설한 바우하우스는 그 후 현재의 일리노이 공과대학부속의 디자인 연구소로 되었으며, 그 외에 바우하우스 교육 시스템은 블랙마운틴 칼리지의 알베르스와 샤빈스키, 시카고 아이오아 인스티튜트의 미스 등에 의해서도 전해져 젊은 세대에 강렬한 감화를 주었다. 1938년에는 뉴욕 근대미술관에 의해 『바우하우스 1919-1928』이라는 회고전이 개최되었으며, 그 후 전람회의 표제가 단행본으로 출판되어 바우하우스의 정신을 크게 보급할 수 있는 계기가 되었다.

바우하우스에서 배운 사람 가운데에는 M. 브로이어, A. 아른트 등과 같이 교수에 해당하는 사람도 있었지만, 결국은 학생을 위한 교육이라기보다는 마스터로서 그곳에 모인 예술가들의 운동이었다. 길드(Guild)조직을 모방한 교수단의 방법은 고전적 아카데믹한 예술교육에 대하여는 안티데제를 제출하는 것이었으며, 일정의 수

그림137 『바우하우스 1919-1928』 표지, 1938

준으로 학생을 훈련시키는 직능교육과는 달랐다. 그곳에서는 이데올로기로서 건축가의 모습을 보여주고 있었다.

바우하우스에서 교육을 받은 사람들은 이후 아메리카뿐만 아니라, 독일, 오스트리아를 위시하여 스위스, 네덜란드, 이스라엘, 일본 등 세계의 거의 모든 국가에 바우하우스의 이상을 보급하게 되었다. 전쟁 후 서독의 공업디자인이 패전에서 빨리 일어설 수 있었던 것도 각지에 산재한 바우하우스 출신자들에 의한 것이었다.

더욱이 데사우시대 말기의 졸업생 중 한 사람인 스위스의 막스 빌은 전후 서독의 우룸시에 통칭『뉴 저먼 바우하우스』라 알려진 조형대학을 개설하여 완전한 바우하우스의 부흥을 꾀하였다.

소재에서 출발하여, 추상적 구성으로 나아가, 그 총합으로서 각 조형장르를 새로 만들어 낸다는 바우하우스의 가르침은, 정적인 교육 커리큘럼만으로는 아무것도 만들어낼 수 없다는 것을 보여주었다. 그곳에서의 교육은 학생들이 어떻게 골격에 살을 붙이면서, 자신의 주장을 찾아내려는 데에 모든 것이 걸려있기 때문이다. 바우하우스의 역사는 학교의 역사라기보다는 일종의 운동(Movement)의 역사이다. 이러한 바우하우스의 역사는 본질적으로 유동적인 운동체의 모습을 띄고 있었다. 이곳에서의 근대예술운동이란 제도화에 대한 계속된 저지를 하기 위한 운동체로서 그 실체를 가졌던 것이다.

1.2 바우하우스 예술과 디자인

제 1차 세계대전 후 독일에는 표현주의(Expressionism)가 전성기를 맞이하게 되면서 이는 독일의 모든 작품에 영향을 주었다. 초기의 바우하우스는 이러한 독일 표현주의에서 탈피를 하여 예술과 산업이 통합된 절충적 스타일을 원하게 되었으며, 이는 바우하우스의 스타일로 인식되게 하였다. 그로피우스는 또한 '시대를 위한 양식(Style for the time)'을 주창하면서 예술에 있어서 새로운 이상향을 제시하고자 하였다.

파울 클레에서부터 보이는 바우하우스의 추상적인 경향은 근대회화에 내재된 개념들을 바탕으로 발전하게 되었으며, 1922년에는 테오 반 되스부르크(Theo van Doesburg)에 의해 이러한 경향은 더욱 강화되었다. 그로 인하여 바우하우스의 전반에 걸쳐서 형태적으로는 데 스틸적 분위기가 일반화되었다. 데 스틸적 경향의 바우하우스 디자인은 모홀리 나기의 추상화된 기계적 이미지와 같은 요소주의적 표현으로 나타나게 되었으며, 이는 그로피우스가 표방한 '기계는 근대적인 디자인의 매개체'라는 것과 상응하였다. 그로피우스가 제시한 바우하우스 스타일은 1923년 바우하우스 전시회에서 발표한 『이념과 건설(Idea and Construction)』의 시대 정신과

그림138 파울 클레(Paul Klee), 공간 속의 해체된 대상 (Uncomposed Objects in Space), 1929

그림139 라쯜로 모홀리 나기 (Lázló Moholy-Nagy), Light-Space Modulater, 1923-30

42) "우리시대의 중요한 정신은 그 형태가 아직 명확하게 정의되어 있지는 않지만 이미 인식되고 있다. 자아를 우주에 대치해서 생각하는 이전의 이원론적 세계에 대한 개념은 급속하게 그 근거를 잃어가고 있으며, 그 자리를 대신하여 모든 대립하는 힘이 절대적 균형 상태에서 존재하고 있는 보편타당성의 개념이 일어나기 시작하고 있다"
- William J. R. Curtis, "Modern Architecture since 1900", third edition, Phaidon, 1996, pp.201

이에 상응하는 형태의 창조를 통하여 아주 명백하게 드러났다.[42]

바우하우스의 디자인적 경향은 건축이 다양한 장르의 예술의 통합이라는 것과 같이 미래파, 독일 표현주의, 데 스틸 등에서 유래된 사상들의 복합적인 것이라고 할 수 있다. 이러한 바우하우스 스타일의 작업은 교육과 조형, 그리고 공방활동 등을 통하여 실제 생활 용품에서부터 무대디자인, 가구, 의자에 이르기까지 그 범위가 매우 넓었다.

대표적인 것으로는 마르셀 브로이어(Marcel Breuer)의 바실리 의자(Wassily Chair)로서, 이는 금속 프레임에 의한 차가우면서도 경쾌한 기계적인 이미지를 통하여 바우하우스의 개성적 스타일을 극명하게 보여주고 있다. 그밖에도 칸딘스키의 추상회화와 파울 클레의 빛나는 색채의 회화, 기계의 엔진을 묘사한 헤르베르트 바이어의 타이포그래피, 오스카 슐레머(Oskar Schlemmer, 1888-1943)의 기하학적인 댄스 등이 당시 다양한 바우하우스 디자인의 특성을 보여주는 예들이다.

그림140 마르셀 브로이어(Marcel Breuer), 바실리 의자(Wassily Chair), 1926

그림141 바질리 칸딘스키(Wassily Kandinsky), 선형분석, 1923

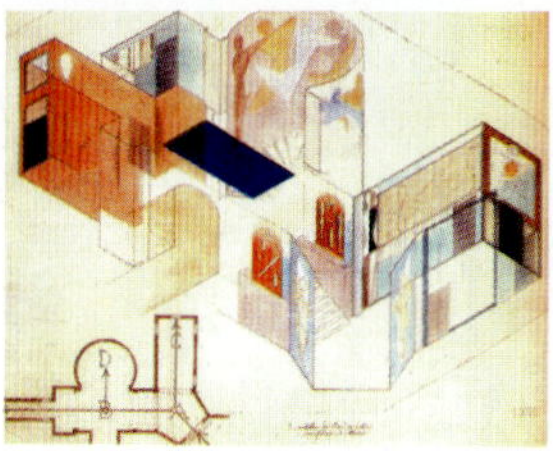

그림142 오스카 슐레머(Oskar Schlemmer), Mural Design, 1923

1.3 발터 그로피우스(Walter Gropius, 1883-1969)

건축가로서의 발터 그로피우스(Walter Gropius, 1883-1969)는 개개 작품의 독창성에서는 르 꼬르뷔제에, 그리고 철저한 공업주의적이라는 점에서는 미스 반 데어로에에 미치지는 못하였다. 그러나 바우하우스의 창시자로서 그가 20세기 디자인 사조 속에 차지하고 있는 비중은 아마도 어느 누구도 그를 능가하지는 못할 것이다.

20세기 디자인 운동으로서 데 스틸운동, 표현주의 운동은 각기 개성적인 자취를 남겨놓았다. 그러나 바우하우스의 정신 속에 있는 에너지는 보다 훨씬 큰 것이었으며, 그 영향 또한 광범위하고 국제적이었다.

미스가 '바우하우스란 하나의 이념이었다.'라고 하였듯이 바우하우스 운동은 근대문명의 깊고 예리한 비판으로부터 출발하고 있다. 르네상스 이후 유럽문명은 학문의 방법론으로서는 분석과 분류로, 인간관으로서는 개성과 천재주의라는 극단적 방향으로 나아갔기 때문에 모든 분야에 있어서 깊은 분열이 일어났다. 이와 같은 상황에 바우하우스 운동은 근대의 기술문명의 분열에 대한 해결책으로 등장한 것이라 볼 수 있다.

그림143 발터 그로피우스 (Walter Gropius, 1883-1969)

43) 나는 어렸을 때 무슨 색을 가장 좋아하느냐고 들은 적이 있다. 그때 나는 여러 말을 한 후에 '여러 가지 색이 있는 것을 가장 좋아한다'(Bunt ist Meine Leiblingsfarbe)라고 대답한 후에, 집에서는 오랫동안 어른들이 이 말에 대하여 노렸었다. 이처럼 있는 그대로의 모든 중요한 구성요소를 포괄하고 싶었으며, 이러한 강열한 욕구, 너무나도 편협적이고 독단적인 태도 때문에 이러한 요소들을 배척해버리고 싶지 않은 소원은, 나의 전 생애에 있어 특징이 되었다.

44) 진실의 팀워크에 대한 요구. 나는 이를 위하여, 바우하우스의 집단 활동에서부터, 현재의 건축가 집단에 있어서의 7인의 친구들과의 공동 작업에 이르기까지, 나의 생애를 통하여 끊임없이 여러

바우하우스 운동은 무엇보다도 우선, 하나의 문명비판이었으며, 이를 근거로 하는 종합운동이었으며, 그를 위한 교육활동이었다. 그리고 바우하우스의 지도자로서 그로피우스를 생각할 때, 그는 우선 문명비판가이며, 교육철학자이며, 휴머니즘 사상가였다. 물론 건축가로서의 그로피우스도 위대하지만, 단순히 건축가로서의 위대함만을 생각한다면, 르 꼬르뷔제나 미스가 있고, 약간 고풍적인 라이트조차도 그보다는 개성적인 건축 작품을 남기고 있다.

건축가란 일찍이 카리쿨라테스 익티누스 시대부터 줄곧 일종의 종합자라 여겼던 그로피우스가 끊임없이 추구하였던 것은 근대기술문명이 가져다 준 분업과 전문화에 의한 인간상의 분열을 어떻게 하면 재조합하여 통합할 수 있는가 이었을 것이다. 그로피우스의 이러한 점은 그의 모든 것에 대한 포괄적이면서 개방적인 사고에 의한 것이라 여겨진다.[43] 그리고 이는 그가 건축과 타 분야와의 통합된 작업방식을 바우하우스의 교육에 적용하도록 하였다.[44]

기디온은 그로피우스론(論)속에서 『팀워크의 철학』이라는 장을 만들어 팀워크의 개념으로 그로피우스의 중요한 의의를 지적하고 있는데, 그의 사상을 이해하기 위해서는 19세기말 독일에서 일어난 뮤즈운동[45]의 계보를 무시할 수 없다고 하였다.

그로피우스가 바우하우스에서 실현하고자 한 것은 분열증상에 고민하는 20세기의 제예술(諸藝術)에 건축을 중심으로 회화·조각은 물론 인쇄·공예에 이르기까지 또 다시 총합과 조화를 회복하고자 함이었다. 이것은 기계시대에 어울리는 디자인 양식을 창조하려 했을 뿐 아니라, 인간성 그 자체를 개조하려는 원망이 숨겨져 있는 것이었다. 이러한 점에서 표면적으로는 관계없는 듯이 보이는 슈와이첼 등도 그로

가지의 형태로서, 이상을 실현하고자 하였다.

45) 19세기 독일에서 일어난 것으로 멀리로는 괴테의 『전인(全人)』사상과 시루레루의 『아름다운 혼(魂)』에서 니체의 『초인(超人)』의 사상 등에 연결되어, 근대문명의 현상에 저항하며, 건전한 시민이 대비하고 있던 통일 있는 교양을 회복하며, 일상생활 속에 총합문화를 확립하려하는 운동이었다. 유명한 케르쉔슈타이나 등의 아동화(兒童畵)의 연구를 낳게 한 것도, 원더포게르의 운동, 청소년집의 조직을 낳은 것도, 이 뮤즈운동의 흐름이었다. 바우하우스의 정신도 이 뮤즈운동의 계보 속에서 이해되어야 할 것이다.

피우스와 대단히 친밀한 사상을 갖고 있었다고 하겠다.

그가 바우하우스의 설립에 건 꿈이, 얼마나 원대하였는지는 바우하우스 동우회의 멤버들을 통해서도 가늠할 수 있다. 1919년 그로피우스는 앙리 반 데 벨데의 추천으로 바이마르의 바우하우스의 교장이 되었다. 당시 독일은 제1차 세계대전에 패배하여 불황과 혼란 속에 허덕이고 있었으며, 대부분의 학생은 자활의 길을 찾아야 했다. 그로피우스는 바이마르 정부의 교육부장관을 설득하여 빈곤한 학생을 위하여 수업료를 면제하도록 하였으며, 또한 바우하우스의 공작실에서 만들어진 학생작품이 팔릴 수 있다면 판매하여 학생들의 경제적인 원조를 가져오도록 하기도 하였다.

이처럼 패전의 절망 속에 있는 당시 독일 젊은 세대에 있어서 바우하우스의 선언은 하나의 놀랄만한 계시였으며 광명이기도 하였다. 이러한 빈곤한 학생 가운데, 알베르스, 브로이어, 바이어 등이 포함되어있다. 최초의 학생수는 221명, 연령은 17세에서 40세까지 있었으나 대부분은 20대 초반이었다.

교수진 중에서도 여러 알력과 이동이 없었던 것은 아니다. 초기 바우하우스에서는 이텐의 예비코스 시스템이 지배적이었으며 여기에 칸딘스키와 클레의 영향이 강하게 나타났다. 그러나 이텐은 동양종교사상에 흥미를 두어, 일종의 신비주의적인 자연관을 갖고 있었다. 따라서 그는 자연의 관찰과 분석에 중요성을 두어, 텍스츄어나 형태의 연구에 대하여서도 자연물에 편중하였다.

그러나 구성주의적인 사람들은 신흥 공업적 소재에 관심을 두었으며, 데 스틸의 사람들은 평면적이고 텍스츄어가 없는 평면과 구체를 제안하였다. 바우하우스의 학생 가운데에서도 알베르스, 브로이어와 같이 이텐의 로만주의적인 경향에 반발하면서, 데 스틸이나 구성주의의 정신에 공감하는 사람들이 나타나게 되었다. 1923년 이텐이 물러나면서 모호리 나기와 알베르스가 그 자리에 대체되었을 때는 추상주의적 경향보다는 새로운 합리주의적인 경향이 바우하우스를 결정적으로 지배하게 되었다. 이것은 바우하우스설립의 정신에 변화가 있었다기보다는, 창시자인 그로피우스도 가장 합리주의적인 입장에 있었기 때문에 본래의 올바른 방향으로 확립되었다고 보아야 할 것이다. 칸딘스키와 클레와 같은 추상적 표현주의자는 바우하우스에서 줄곧 있으면서, 합리주의파에 반대되는 형태를 만들면서, 미묘한 균형을 이루고 있었다. 이처럼 이질적인 경향을 바우하우스 속에 넣어 서로간의 조화와 총합을 구하고자하는 태도가 그로피우스의 기본방침이라 볼 수 있다.

나치의 바우하우스 폐교조치로 인하여 미국으로 망명한 그로피우스는 하버드대학 건축과 교수가 되었으며, 바우하우스 정신을 전하여 미국의 디자인 운동과 교육에 큰 공헌을 하였다.

이처럼 그로피우스의 이상은 세계각지에 새로운 디자인 교육센터를 키웠으며, 많은 디자이너와 디자인 교육자를 배출함으로서 그 영향은 범지구적인 스케일로 커져갔다. 아마도 그의 최대공적은 이러한 광의의 교육자로서의 활동에 있었다고 말할 수 있다. 그러나 그는 협의의 교육에 대하여서도 관심이 깊었으며, 그의 대표적인 작품으로서 데사우 바우하우스 교사에서부터 하바드대학의 그레쥬에이트 센터(Graduate Center)에 걸친 일련의 학교건축을 들 수 있을 것이다.

그림144 발터 그로피우스(Walter Gropius)와 TAC,
하크니스 기숙사, 그레쥬에이트 센터
(Harkness Commons Dormitores, Graduate Center), 1948

46) 이탈리아에서 일어난 아르누보(Art Nouveau) 건축 운동
47) G. Ballo, Sant'Elia e L'ambiente Futurista, Mazzotta, Milano, 1989.

2. 이탈리아 합리주의(Italian Rationalism)

2.1 이탈리아 합리주의 배경과 흐름

이탈리아 합리주의 건축은 1920년대에서 1940년대에 걸쳐서 밀라노(Milan)를 중심으로 젊은 건축가들에 의해서 일어났다. 이탈리아의 합리주의 건축은 유럽의 다른 지역과는 차이를 보이고 있는데, 이는 이탈리아에서의 근대건축운동인 리버티(Liberity)[46]와 미래주의(Futurism) 이후 무솔리니의 전체주의 정권의 등장으로 인한 것이었다.

경제적으로 안정된 밀라노(Milan)와, 코모(Como), 토리노(Turin)에서 일어난 이탈리아 리버티 운동은 산업화에 따른 새로운 시대의 생산방식 및 예술가의 사회적 역할 등을 주장하는 미래주의를 만들었다. 미래주의의 대표적 작가인 움베르토 보쵸니(Umberto Boccioni)는 도시적 차원의 문제들과 소비사회와 밀접한 대중적 건축에 관하여 연구를 하였으며, 안토니오 상텔리아(Antonio Sant'Elia)는 미래주의 혁명적 사상을 건축 분야에 도입하였으며, 키아토네와 함께 미래도시의 건축적 실체를 꿈꾸었다.[47] 특히 안토니오 상텔리아(Antonio Sant'Elia)는 1914년 『신경향(Nuova Tendenza)』이라는 그룹전시회의 성명에서 '근대적 문화와 근대적 경험에 복잡하게 대립하는 괴상한 형태, 거대하고, 견고하고, 고가(高價) 재료의 사용'에 불찬성을 표명하면서, '새로운 건축은 공학의 건축이며, 대범한 건축이며, 그리고 단순한 건축이다'라는 점을 확인하고 있다. 그의 『신도시(La Citta Nuova)』 계획안에는 후퇴시킨 고층건축의 입면 외부에 노출시켜 세운 리프트, 교통의 입체교차 처리 등 기계에 대한 미학적 수용으로써 미래에 대한 새로운 기념비적 성격이 프로젝트에 가득 차 있다.

48) 1900년대란 의미로써 이탈리아 고전 건축어휘들을 단순 기하 형태로 변화하면서 모단을 융합하려한 운동으로 밀라노를 중심으로 일어남.

49) 쥬세페 테라니(Giuseppe Terrani), 까를로 엔리코 라바(Carlo Enrico Rava), 세바스티아노 라르코(Sebastiano Larco), 귀도 프레떼(Guido Frette), 루이지 피지니(Luigi Figini), 지노 폴리니(Gino Polini), 우발도 카스타뇰리(Ubaldo Castagnoli) 등 7명이 주축이 된 그룹, 후에 카스타뇰리는 탈퇴하고 아달베르토 리베라(Adalberto Libera)가 합류.

제1차 세계대전에서 패전국이 된 이탈리아는 자국의 부흥운동으로 고전주의를 표방하였다. 이러한 부흥운동은 회화에서는 죠르조 데 키리코(Giorgio De Chirico, 1888-1978)의 형이상학적 고전주의적인 표현 속에서, 그리고 문학에서는 라 론다(La Ronda) 그룹의 전시회 속에서 잘 볼 수 있다.

이후 이탈리아의 고전주의 부흥운동은 조반니 무찌오(Giovanni Muzio, 1893-1982)를 중심으로 일어난 노베첸또(Novecento)운동[48]을 통하여 모던과의 융합을 시도하였다.

이러한 정황 속에서 밀라노 공대 출신의 7명의 젊은 건축가들에 의해서 그루포 7(Gruppo 7)[49]가 나타난다. 이들은 무솔리니의 적극적인 지원을 받으면서 이탈리아 합리주의의 이론적 근간을 형성하였다. 그루포 7의 이상은 건축에 있어서 논리와 합리성을 통한 건물을 목적으로 하겠다는 건축이성(Architettura Razionale)을 확립하는 것이었다.[50] 이들은 또한 당시 유럽에 영향을 주고 있는 르 꼬르뷔제의 새로운 정신(Esprit Nouveau)을 받아들이면서도 그의 실현에 있어서는 전통에 대한 중요성을 강조하였다. 이들은 이탈리아 전통의 근대적 재해석을 통하여 이러한 두 가지 개념을 연결하려고 하였다.

이탈리아 합리주의 건축은 이후 1930년 이르러 국내적 분위기와 국제적 경향에 편승을 하기위하여 근대 이탈리아 합리주의 건축운동(M. I. A. R. : Movimento Italiano per l'Architettura Razionale)을 조직하였다. M. I. A. R.은 당시의 국내 정

그림145 안토니오 상텔리아(A. Sant'Elia), 신도시(La Citta Nuova) 계획안

50) 1926년 12월 『라세냐 이탈리아나(La Rassegna Italiana)』 잡지에서 "초기 전위운동의 성격은 좋은 요소와 나쁜 요소들을 혼합하는 무의미하고 파괴적인 격정과 부자연스러운 자극이었다. 우리는 전통적인 유산이 파괴되기를 원치 않는다. 진정한 새로운 건축은 논리성과 합리성의 밀접한 관계이어야만 한다"라고 하였다.

세를 감안하여 무솔리니의 정권에 협력을 하기도 하였으나, 이들의 건축적 주제는 투명성 추구, 질서, 그리고 재료의 순수성 등 당시의 유럽 모던건축 성향을 포함하고 있었다. 리돌피(M. Ridolfi)는 독일의 표현주의를 로마에 적용하고자 하였으며, 동시에 그는 도시 컨텍스트의 보존과 환경의 가치를 인정하면서 지역주의의 전통을 회복하고자 하였다.

루이지 피지니(Luigi Figini, 1903-84)와 지노 폴리니(Gino Pollini, 1903-91)가 몬자(Monza)에 설계한 카사 디 엘레트리시타(Casa di Eletricita')는 세련되고 우아한 모더니즘의 예라 할 수 있다. 2층의 모든 창들은 주변 환경의 파노라마 조망을 고려한 수평적인 개념을 보여주고 있으며, 옥상정원과 평지붕 등의 사용은 모더니즘의 전형적인 것이기도 하다.

2.2 쥬세페 테라니(Giuseppe Terrani, 1904-43)

그루포 7의 일원 중 쥬세페 테라니(Giuseppe Terrani, 1904-43)는 이탈리아의 근대건축의 선구자 가운데 가장 중요한 역할을 하였다. 그는 건축의 본질적인 가치가 근대적인 표현 양식으로 인식되고 구체화될 수 있다고 믿었으며, 그의 작품 속에서 보이는 비례와 추상, 그리고 건축과 도시의 관계성은 르 꼬르뷔제의 근대건축에 대한 이상과 상응하는 것이었다. 코모(Como)에 있는 그의 작품 카사 델 파쇼(Casa del Fascio)는 이러한 그의 건축관이 잘 반영되어 있으며, 또한 파시스트 신화의 진보주의와 전통주의의 관계성을 잘 보여주고 있다. 광장을 향하고 있는 건물

그림146 루이지 피지니(Luigi Figini)와 지노 폴리니(Gino Pollini), 카사 디 엘레트리시타 (Casa di Eletricita'), 1930

51) B. Zevi, Giuseppe Terragni, Zanichelli, 1980
52) M. Tafuri, Il sogetto e la Maschera, Una introduzione a Terragni, Lotus 20, 1978

의 파사드는 채움과 비움을 통한 정연한 선적 느낌으로서 근대적 의미를 가지고 있는 고전적인 표현으로 구성되어있다. 입면구성에 있어서는 대칭적인 것과 비대칭적인 것을 모두 가지고 있으며, 고전의 비례적인 성격이 보이는 평면에는 르네상스 시대의 팔라죠(Palazzo)와 같은 아트리움을 배치하고 상부 천창을 통한 빛의 효과로써 영예스러운 분위기의 공간을 창출하였다. 브루노 제비(Bruno Zevi)는 카사 델 파쇼에 대하여 '과거예술작품에서 유래되는 건축어휘와 아방가르드의 창조적 도약에 의해 추출된 건축어휘가 변증법적으로 만나고 갈라지고 있다'[51)]라고 하였으며, 만푸레도 타푸리(M. Tafuri, 1935-94)는 "창조된 형태가 아니라 변형된 언어에 기초해 엄정한 규칙을 받아들이는『변형적 기계(Macchina trasformazionale)』인 것이고, 순수한 형태에 이르기 위한 하나의 절대적인 약속이 되는 것이다"[52)]라고 하였다.

그림147 주세페 테라니(Giuseppe Terrani), 카사 델 파쇼(Casa del Fascio), 1936

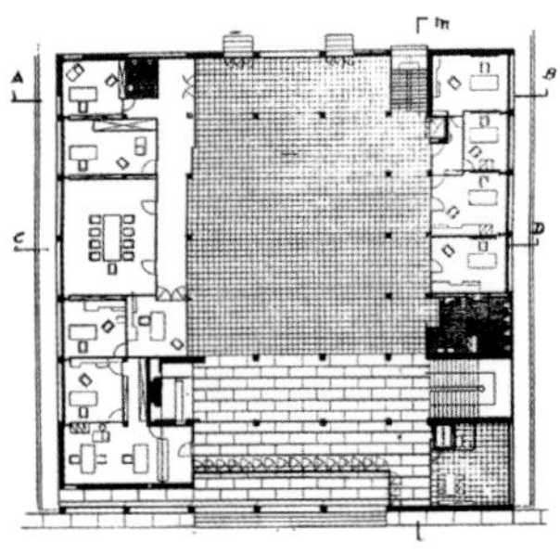
그림148 카사 델 파쇼(Casa del Fascio) 평면

토니 가르니에 Tony Garnier … 토마스 램 Thomas Lamb

onard Fontaine … 피에르 샤로우 Pierre Chareau … 피에트 몬드리안 Piet Mondrian

필립 존슨 Philip Johnson … 한네스 마이야 Hannes Meyer

루스 베를라헤 Hendrick Petrus Berlage … 헨리 러셀 히치콕 Heney-Russell Hitchcock … 헨리

l Guido Frette … 까를로 스카르파 Carlo Scarpa … 까를

단크마어 아들러 Dankmar Adler … 데니스 크롬톤 Dennis Crompton

nond Hood … 루돌프 쉰들러 Rudolph M. Schindler … 리처드 노먼 쇼 Richard Norman Shaw

마리오 키아토네 Mario Chiattone … 마이크 웹 Mike Webb

Miss van der Rohe … 미하엘 디 크레르트 Michael de Klerk … 미첼 데 클럭 Michel de Klerk

Brunel … 브루넬리스키 Brunellesch … 브루노 제비 Br

Semper … 구스타프 에펠 Gustave Eiffel … 귀도 프레떼 G

다니엘 리벤스킨 Daniel Libeskind … 다니엘 번햄 Daniel H. Burnham

y-Nagy … 레오 본 크렌체 Leo von Klenze … 레이먼드 후드 Raymond Hoo

rtin Roche … 마리오 보타 Mario Botta

만푸레도 타푸리 Manfredo Tafuri … 맥크무르도 A. H. Mackmurdo

발터 그로피우스 Walter Gropius … 발터 크레인 Walter Crane

루베트킨 Berthold Lubetkin … 브세블로드 마이어홀드 Vsevolod Meyerhold

bastiano Larco … 스탠포드 화이트 Stanford White … 아나똘 드 보도 Anatole

아우렐리오 갈페티 Aurelio Galfetti … 안토니오 가우디 Antonio Gaudi … 안토

ohannes Pieter Oud … 어거스트 페레 Auguste Perret … 어니스트 랜섬 Earnest Ransome

ias Ungers … 오스카 슐레머 Oskar Schlemmer … 오토 바트닝 Otto Bartning

요하네스 브린크만 Johannes Brinkmann … 우발도 카스타뇰리 Ubaldo

스 William Morris … 윌리엄 반 알렌 William van Allen … 윌리엄 르 바론 제니 William Le Baron Jenny

제임스 스털링 James Stering … 조르죠 그라시 Giorgio Grassi

존 미드 하웰스 John Mead Howells … 죠셉 팩스톤 Joseph Paxton

bert Ashbee … 찰스 무어 Charles Moor … 찰스 프란시스 앤슬

칼 프리드리히 쉰켈 Karl Friedrich Schinkel … 커티스 William J. R. Curtis

텍톤 Tecton … 토니 가르니에 Tony Garnier … 토마스 램 Thomas Lamb

프랭크 로이드 라이트 Frank Lloyd Wright … 프리츠 헤이거 Fritz H?ger

Peter Einsenman … 피터 쿡 Peter Cook

olain … 헤르만 무테지우스 Hermann Muthesius … 헤르만 오

세블로드 마이어홀드 Vsevolod Meyerhold … 블라디미르 타뜰린 Vladimir Tatlin

아나똘 드 보도 Anatole de Baudot … 아달베르토 리베라 Adalberto Libera

안토니오 상텔리아 Antoni Sant'Elia … 알도 로시 Aldo Rossi … 알렉산데르 베스

ome … 에로 사리넨 Eero Sarrivan … 에릭 멘델존 Erich Mendelsohn

오토 엑크만 Otto Eckmann … 오토 와그너 Otto Wagner

aldo Castagnoli … 움베르토 보쵸니 Umberto Boccioni … 워렌 초크 Warren Chalk

윌리엄 리차드 레더비 William Richard Lethaby … 윌리엄 호라버드 William Holabird

제임스 스털링 James Stering … 조르죠 그라시 Giorgio Grassi

존 미드 하웰스 John Mead Howells … 죠셉 팩스톤 Joseph Paxton

bert Ashbee … 찰스 무어 Charles Moor … 찰스 프란시스 앤슬

azimir Malevich … 칼 프리드리히 쉰켈 Karl Friedrich Schinkel … 커티스 William

토니 가르니에 Tony Garnier … 토마스 램 Thomas Lamb

onard Fontaine … 피에르 샤로우 Pierre Chareau … 피에트 몬드리안 Piet Mondrian

필립 존슨 Philip Johnson … 한네스 마이야 Hannes Meyer

루스 베를라헤 Hendrick Petrus Berlage … 헨리 러셀 히치콕 Heney-Russell Hitchcock … 헨리

Guido Frette … 까를로 스카르파 Carlo Scarpa … 까를로

단크마어 아들러 Dankmar Adler … 데니스 크롬톤 Dennis Crompton

ond Hood … 루돌프 쉰들러 Rudolph M. Schindler … 리처드 노먼 쇼 Richard Norman Shaw

마리오 키아토네 Mario Chiattone … 마이크 웹 Mike Webb

iss van der Rohe … 미하엘 디 크레르트 Michael de Klerk … 미첼 데 클럭 Michel de Klerk

runel … 브루넬리스키 Brunellesch … 브루노 제비 Br

VIII. 아르데코

Art-Deco

1. 근대와 고전

1.1 장식미술 공업미술 국제박람회

1900년대 들어와서 예술은 크게 두 분류가 공존하게 되었다. 하나는 순수예술이며, 다른 하나는 응용예술로서 당시에는 응용예술 혹은 장식미술, 미술공예 등으로 불리는 장르는 순수예술과 비교하여 약간 격이 떨어지는 것으로 여겨지는 경향이 있었다. 응용예술의 존재를 인정하고 그 가치를 주장한 것은 19세기 후반 영국에서 일어난 아트 앤드 크래프트(Arts and Crafts) 운동이었다. 이 운동의 중심이었던 윌리엄 모리스(William Morris)나 아쉬비(C. R. Ashbee) 등은 생활을 풍부하게 하는 물품들이 풍부한 예술성을 갖도록 하는 것만이 진정한 생활의 향상이며 해방이라고 믿었다. 이 주장은 독일, 오스트리아에서 『독일공작연맹』이라는 운동으로 전개되어 20세기를 이끌어가게 된다. 그곳에서는 적극적으로 기계생산에 의한 물품의 디자인을 과제로 생각하는 태도가 보인다.

프랑스의 장식미술협회도 이러한 세계적인 기운과 무관하지 않았다. 더욱이 프랑스의 경우, 1903년에 사롱 도돈누라는 새로운 민간 예술전이 조직되어 있었다. 이 사롱 도돈누라는 1904년에는 사진부문, 1905년에는 음악부문을 설치하며, 1906년에는 그때까지의 순수미술과 장시미술의 구분을 폐지하고 모두를 동격으로 취급한다는 방침을 세우게 되었다. 이 방침에 의거하여 1910년에는 독일공작연맹의 작가들 의 작품이 사롱 도돈누라에 초대 출품되었다. 프랑스 예술계에 있어서 이 독일공작연맹 작가들의 작품들은 커다란 반향을 불러일으키면서, 프랑스에서도 보다 적극적으로 기계제품을 위한 디자인을 개척해왔어야 했다는 자각을 가져왔다. 이러한 반응은 하나의 계기가 되는 국제전을 개최해야 한다는 의견으로 이어졌다.

장식미술협회는 이러한 예술계 분위기와 함께 그 이전부터 일부에서 희망하고 있었던 의견을 모아 1911년 정부에 국제전의 개최를 대한 사항을 제출하게 되며, 정부도 이러한 국제전을 1915년에 열어야 한다고 인정하게 되었다. 그러나 1914년의 제1차 세계대전의 발발은 이 전람회의 개최 예정시기를 다음해인 1915년에서 1916년으로, 계속하여 1918년, 1924년으로 점점 늦추어져 갔다. 결국 1925년 4월부터 6개월간의 회기에서 개최된다고 결정이 되었을 때에는 그 명칭이 『장식미술공업미술국제박람회』로 되어 있었다.

이 박람회에 미국과 독일은 참가하지 않았다. 독일공작연맹 작가들을 통해 커다란 충격을 일으켰던 독일은 제1차 세계대전 이후 적국이 되어 전후의 박람회에 참가하지 않았으나, 미국의 경우는 박람회의 명칭이었던 『현대(Modern)』라는 단어를 오해하고, 미국의 장식공업미술은 『현대』의 개념에는 적용되지 않는다고 생각하여 참가하지 않았던 것이다. 그러나 실제로 1920년대와 1930년대 미국에서는 아르데코적 디자인이 많이 사용되어 왔다.

그림149 르 꼬르뷔제(Le Corbusier), 에스프리 누보관(Esprit Nouveau), 1925

1900년 이후 사반세기 만에 열린 국제적인 박람회는 충분하지 못했던 준비와 계획의 연장으로 말미암아 박람회에 출품되는 작품들의 성격과 박람회에서 연출되어지는 조형적 성격 간에는 큰 차이가 있었다. 박람회에서는 모든 장르의 장식 공업미술이 소재별, 장르별로 출품되었다. 그곳에는 건축, 건축장식, 가구, 의상 및 장신구, 무대예술, 정원, 미술교육, 사진 및 영화로 구성되어 있었다. 이 광범위한 출품물 속에서 아르데코라는 조형이 후세에 알려지게 된 것이다.

아르데코란 1925년 파리에서 개최된 장식미술 공업미술 국제박람회(L'Exposition Internationale des Arts Decoratifs et Industriels Mordernes)를 통하여 대성공을 거둔 새로운 양식이다. 장식미술을 뜻하는 아르데코(Art Deco)라는 양식의 이름은 아르데코라티트(Art de Coratif)의 약칭인 이 박람회에서 유래되었으며, 박람회의 개최연도를 따라 『1925년 양식』이라고도 부르기도 하였다.

장식미술 공업미술 국제박람회는 아르누보의 꽃이 핀 19세기말 파리에서 그 기원을 찾을 수 있다. 1900년에 파리에서 열린 만국박람회에서는 19세기 마지막을 장식하는데 어울리는 화려한 장식예술작품의 존재를 주장하는 것으로서 예술이란 일상생활에 이용되어져야 한다는 의식 존재의 표명이 있었다.

아르데코전이 열린 파빌리온에서는 모던파와 장식파의 경쟁을 볼 수 있었는데, 르 꼬르뷔제의 에스프리 누보관(Esprit Nouveau)의 참신함과 바투 설계의 『콜렉터 파빌리온』과 함께 보와 설계의 『봉마르쉐 백화점관』 등의 장식적인 경향이 대표적이다.

그림150 장식미술 공업미술 국제박람회 포스터 (L'Exposition Internationale des Arts Decoratifs et Industriels Mordernes), 1925

1.2 아르누보와 아르데코

아르데코의 시대는 소위 양대 세계대전기간으로 불린다. 『아르데코』의 명칭이나, 『째즈모던(Jazz Modern)』의 이름은 이 시기의 미국 분위기를 잘 전해주고 있다. 마찬가지로 아르데코를 『포와레양식(Poiret Style)』, 『샤넬양식(Chanel Style)』으로 양복디자이너인 폴 포와래(Paul Poiret)나 코코 샤넬(Coco Chanel)의 이름으로 부르는 점도 대륙에 있어서 양대 세계대전동안의 기분을 느끼게 한다. 또한 아르데코 양식의 정수는 대서양 항로의 객선 실내장식에서 볼 수 있다. 유럽과 미주간 항로의 호화여객선에 수많이 시도된 것은 양대 세계대전 이라는 혼돈의 세상 속에서 잠깐 동안에 평화로운 바다를 느끼게 해준다. 타이타닉호를 비롯한 많은 선실의 인테리어는 제2차 세계대전 중에 배와 함께 바다깊이 사라져 버림으로서 아르데코는 제2차 세계대전에 의해 근절되었다는 실감을 더욱 짙게 해 준다.

아르데코의 다른 명칭으로는 『파리 25년 양식』, 『1925년 양식』, 『1925년 모드』 등이 있으며, 이 모든 명칭은 그 해의 장식미술 공업미술 국제박람회를 의식하여 붙여진 것이다. 박람회란 그 시대에 있어서 선구적인 것들이 선보이는 장소로서 개최기간 동안에는 많은 사람들의 관심을 끌었다. 박람회의 이러한 강한 파급적 효과를 바탕으로 아르데코도 이 후에 빠르게 전세계적으로 확산되었다. 그러나 아르데코의 생명력은 그리 오래가지 못하였는데, 이는 19세기말에 덧없이 사라진 유행, 아르누보(Art Nouveau)를 연상케 하고 있다. 실제로도 아르데코는 아르누보가 시대적 유행과 결부하면서 새로운 모습으로 재생한 것이라고 볼 수 도 있겠다. 이러한

그림151 가브리엘 샤넬 (Gabrielle Chanel, 1883-1971)

그림152 폴 포와래(Paul Poiret, 1879-1944)

측면에는 아르데코가 양대 대전이라는 짧은 한 세대 동안의 유행이며, 생활의 스타일을 표방하고 있는데 기인한다. 그렇다면 아르데코도 이러한 사회적 분위기에 의하여 시대와 함께 소멸해 버린 것일까 하는 의문이 제기되는데, 이에 대한 대답은 긍정적임과 부정적인 답을 동시에 얻을 수 있다. 그러나 아르누보와 아르데코의 사이에 흘렀던 채 30년도 되지 않는 기간 동안 장식예술은 이전에 하나씩 만들어지는 예술품으로서의 수공예적 성격에서 많은 종류의 물품이 대량으로 생산되고 소비되어지는 상품으로 그 본질이 변화된 점에 있어 차이를 보이고 있다. 이것은 아르데코가 소비와 상품시대의 대표적인 언어라 할 수 있는 『째즈모던』이나 『샤넬양식』으로 일컬어지게 된 이유이기도 하다.

순수예술과 응용예술, 혹은 순수예술과 장식예술이라는 구별은 순수예술을 상품가치를 높이기 위한 예술과 구별하기 위한 것이었다. 이 두 가지의 예술장르가 서로 대립하고 있는 것처럼 의식되는 것은 응용예술과 장식예술이 독립되어 힘이 강해졌기 때문이기도 하다. 상품으로서 디자인된 것을 사람들이 구매하며, 그것을 자신의 생활 속에 가미하는 패턴이 20세기 초두로부터 정착되었다.

자동차의 마스코트, 화장품, 의복, 책, 가구, 식기 그리고 상점 및 식당, 나아가서는 도시 내의 집합주택도 모두 기성품으로서, 레디메이드(Ready-made) 디자인이 물품으로서 등장하게 된다. 아르데코 본래의 영역은 이러한 분야에서 활성화 되면서 상품화가 되었다.

아르누보의 장식은 근대적인 도시가 처음으로 형성되는 시기에 생긴 문화라 할 수 있다. 19세기 도시 중심부의 활력적인 장소는 도시의 잡다함이 모인 곳이었다.

중세도시도 어느 정도는 번창하였으나 자연을 중심으로 한 것인 반면에, 19세기에 나타난 활력적인 장소의 본질적인 성격은 자연에서 해방된 도시성(都市性)이었다.

이러한 활력적인 장소에서는 서로를 모르며, 또한 모르는 사람들과의 사이에서 도시문화를 즐기며 시간을 보낸다. 여기에 생겨나는 도시문화는 일종의 익명성이 지배하는 인공성이 강한 문화가 되면서 표면의 번창함과는 반대로 고독함을 느끼게 하는 문화로 되어갔다. 확실히 19세기말의 도시문화란 그러한 것이었으며, 그곳에서 나타나는 모호한 조형의 많은 모티브는 바로 인공적인 신화라 불러야 할 것이다. 그러나 아르데코 시대에는 도시의 활력적인 장소가 상품으로의 성격을 띠고 부유하게 된다. 그곳에서 넘쳐흐르는 물품은 도시성격에 고정되어 있지 않고 도시에서 떨어져서도 계속 존재하게 된다. 자동차는 이제까지 알지 못하였던 빠른 속도로 사람들을 이동시켰으며, 기선은 이제까지 알지 못하였던 대규모의 공간을 지니고 대륙을 서로 이동하여 연결시켰다. 전파는 눈에 보이지 않는 매디아(Media)로서 등장하며, 상품의 종류와 그 수량은 미증유로 확대되어 갔다. 사람의 손에서 손으로 어지럽게 뒤섞여 움직이면서 날아다니는 디자인은 아르데코의 성격을 잘 표현하고 있다.

그림153 리치먼드 쉬리브, 토마스 램, 아서 허먼 (Richmond Shreve, Thomas Lamb and Arthur Harmon), 엠파이어 스테이트 빌딩 (Empire State Builing), 1931

2. 아르데코 조형과 건축

아르누보의 조형은 끝없이 물체의 표면을 감추어 가면서 퍼져가는 곡선이었던 것에 비하여, 아르데코의 조형은 경질의 광택이 가득하며, 굴곡 된 방사상으로 확대되어 가는 것은 그 시대의 도시 내의 모든 문화가 유희하여 날아다니기 시작한 점과 무관하지 않다고 볼 수 있겠다. 아르데코 시대의 디자인은 자연성에서 벗어남은 물론, 표면에 감추지 아니하고 이륙하여 날아다니기 시작한 것을 표현한 것이다.

아르데코의 색채는 강렬하고 밝은 색조로 미술 분야에서의 야수파(Fauvism)[53)]와 러시아 발레(Russian Ballets)로 더욱 확산된 동양주의에 기인한 것으로서 강하고 단순한 형상을 적절히 표출하기 위해 밝은 색상과 강렬하고 뚜렷한 색채 대비를 구사하였다. 빨강과 검정 그리고 은색은 이 양식의 전형적인 색채 조합으로 빨강과 검정은 기하학적 형태들의 배경을 마련하는 반면에 은색은 주요 장면과 뚜렷한 지구라트(Ziggurat)들이나 다른 기하학적 모티브들을 위해 사용되었다.

유선형, 전파의 이미지라고 불리는 지그재그 곡선, 반사하는 빛을 상기시키는 광택 등은 이러한 이 시대의 모든 조형이 이륙하여 날아다니는 것이었다는 것을 나타내고 있다. 여기에서 건축의 디자인도 예외는 아니었다. 러시아의 구성주의(Constructivism)라고 불리는 작가들의 디자인은 대지에 속박되어 있는 무거운 구축적인 건축을 부정하고, 미국의 스카이스크레퍼(Skyscraper)는 그 정상부분에 여러

53) 1905년 살롱 도톤느에서 시작한 20세기 미술 분야로서 형태에 색체에 있어서 단순함을 추구하였으며, 일반적으로 강한 보색과 원색을 사용하여 색채 그 자체에 재현적 의미를 부여함으로써 자율성을 표현하고자 하였다. 대표적인 작가로는 앙리 마티스, 앙드레 드랭, 라울 뒤피, 모리스 드 블라맹고, 알베르 마르케 등이 있다.

가지의 모티브가 『방사』의 이미지를 창출하고 있다. 그리고 프랑스의 르 꼬르뷔제(Le Corbusier)는 문자 그대로 대지에서 이륙하는 필로티(Piloti)라는 개념을 제시하였다. 여러 가지의 이즘(ism)으로 분리되는 이 시기의 건축은 실로 이륙이라는 이미지에 의해 공통되는 무엇인가를 갖고 있는 것이라 할 수 있겠다.

1925년의 장식미술 공업미술 국제박람회에는 이러한 다양한 건축군이 아르데코의 이름으로 모였던 것이다. 건축가의 이념과 주장은 여러 가지이지만 그 조형 감각 속에는 공통된 이륙에의 기대, 방사하여 확산하려는 소망이 엿보인다. CIAM(근대건축국제회의)에서 결실하여 근대건축의 주장을 형성해 가는 건축가들은 상품에 의해 충족되어진 사회를 비판하고, 일종의 사회주의적 유토피아를 주장하였는데 그 조형을 허심적으로 보게 되면 그 곳에는 의외로 아르데코와 가까운 조형을 발견할 수 있을 것이다. 게다가 근대건축의 이상이 달성된 제2차 세계대전 후, 세계는 상품화된 근대 디자인으로 가득하게 되었으며, 아르데코는 응용예술이나 장식예술이라는 것이 근대와 대면하면서 상품화된 조형으로서의 재현되게 된 것이다. 근대 건축사, 근대 디자인사를 디자인이나 건축의 이론사, 운동사로서 생각하는 것이 아니라, 현실의 조형이 사회에 직면해 온 추적으로서 바꾸어 볼 때, 아르데코의 위대함은 다시 놀랄만한 대상이 된다.

상품 혹은 커머셜적인 작품이라는 점에서는,『Arts and Crafts운동→독일공작연맹→Bauhaus→CIAM』 이라는 계보는 충분한 성과를 올렸다 할 수 없다. 사회전체에 대하여 새로운 조형을 상품으로서 성립시키려는 투쟁의 역사가 이 계보라 할 수 있으며, 이 계보는 예술운동으로서 예술작품이나 예술적 이미지를 만들어 내는 경향이었다고 정의할 수 있다. 이에 대하여『아르누보→아르데코』라는 계보는 커머셜적인 조형을 그 출발점으로 마련한 시도의 흐름이었다고 말할 수 있다. "아르데코의 조형은 장식미술의 분야에 있어서 하나의 사건이다"라고 평가하는 경향이 있지만, 일면에서는 그러한 분야 자체를 경시하는 태도도 아울러 갖고 있기도 하다.

··············토니 가르니에 Tony Garnier ························토마스 램 Thomas Lamb
onard Fontaine ··························피에르 샤로우 Pierre Chareau ·········피에트 몬드리안 Piet Mondrian
·········필립 존슨 Philip Johnson ···································한네스 마이야 Hannes Meyer
루스 베를라헤 Hendrick Petrus Berlage ····················헨리 러셀 히치콕 Heney-Russell Hitchcock ·················헨리
Guido Frette ··까를로 스카르파 Carlo Scarpa ·······································까를로
··························단크마어 아들러 Dankmar Adler ······································데니스 크롬톤 Dennis Crompton
ond Hood ·····························루돌프 쉰들러 Rudolph M. Schindler ············리처드 노먼 쇼 Richard Norman Shaw
······················마리오 키아토네 Mario Chiattone ·····································마이크 웹 Mike Webb
Miss van der Rohe ······미하엘 디 크레르트 Michael de Klerk ·························미첼 데 클럭 Michel de Klerk
Brunel ··브루넬리스키 Brunellesch ···브루노 제비 Br
Semper ··구스타프 에펠 Gustave Eiffel ··귀도 프레떼 G
··························다니엘 리벤스킨 Daniel Libeskind ·······································다니엘 번햄 Daniel H. Burnham
-Nagy ······························레오 본 크렌체 Leo von Klenze ···레이먼드 후드 Raymond Hood
rtin Roche ···마리오 보타 Mario Botta
················만푸레도 타푸리 Manfredo Tafuri ·······························맥크무르도 A. H. Mackmurdo
··발터 그로피우스 Walter Gropius ·········발터 크레인 Walter Crane
루베트킨 Berthold Lubetkin ··································브세볼로드 마이어홀드 Vsevolod Meyerhold
bastiano Larco ··스탠포드 화이트 Stanford White ························아나톨 드 보도 Anatole
아우렐리오 갈페티 Aurelio Galfetti ··안토니오 가우디 Antonio Gaudi ··························안토
hannes Pieter Oud ·········어거스트 페레 Auguste Perret ··어니스트 랜섬 Earnest Ransome
ias Ungers ························오스카 슐레머 Oskar Schlemmer ·····························오토 바트닝 Otto Bartning
··요하네스 브런크만 Johannes Brinkmann ······························우발도 카스타뇰리 Ubaldo
스 William Morris ···································윌리엄 반 알렌 William van Allen ··윌리엄 르 바론 제니 William Le Baron Jenny
·········제임스 스털링 James Stering ··조르죠 그라시 Giorgio Grassi
·············존 미드 하웰스 John Mead Howells ······································죠셉 팩스톤 Joseph Paxton
bert Ashbee ·····································찰스 무어 Charles Moor ··찰스 프란시스 앤슬
·································칼 프리드리히 쉰켈 Karl Friedrich Schinkel ··························커티스 William J. R. Curtis
·········텍톤 Tecton ···토니 가르니에 Tony Garnier ··································토마스 램 Thomas Lamb
······························프랭크 로이드 라이트 Frank Lloyd Wright ·······프리츠 헤이거 Fritz H?ger
Peter Einsenman ···피터 쿡 Peter Cook
olain ··에르만 무테지우스 Hermann Muthesius ·································에르만 오
세볼로드 마이어홀드 Vsevolod Meyerhold ···································블라디미르 타틀린 Vladimir Tatlin
·········아나톨 드 보도 Anatole de Baudot ··아달베르토 리베라 Adalberto Libera
···안토니오 상텔리아 Antoni Sant'Elia ··알도 로시 Aldo Rossi ·······알렉산데르 베스
ome ··에로 사리넨 Eero Sarrivan ···에릭 멘델존 Erich Mendelsohn
·············오토 엑크만 Otto Eckmann ··오토 와그너 Otto Wagner
aldo Castagnoli ··································움베르토 보쵸니 Umberto Boccioni ······························워렌 초크 Warren Chalk
·········윌리엄 리차드 레더비 William Richard Lethaby ·······························윌리엄 호라버드 William Holabird
·········제임스 스털링 James Stering ··조르죠 그라시 Giorgio Grassi
·············존 미드 하웰스 John Mead Howells ······································죠셉 팩스톤 Joseph Paxton
bert Ashbee ·····································찰스 무어 Charles Moor ··찰스 프란시스 앤슬
azimir Malevich ··································칼 프리드리히 쉰켈 Karl Friedrich Schinkel ······································커티스 William
··············토니 가르니에 Tony Garnier ························토마스 램 Thomas Lamb
onard Fontaine ··························피에르 샤로우 Pierre Chareau ·········피에트 몬드리안 Piet Mondrian
·········필립 존슨 Philip Johnson ···································한네스 마이야 Hannes Meyer
루스 베를라헤 Hendrick Petrus Berlage ····················헨리 러셀 히치콕 Heney-Russell Hitchcock ·················헨리
Guido Frette ··까를로 스카르파 Carlo Scarpa ·······································까를로
··························단크마어 아들러 Dankmar Adler ······································데니스 크롬톤 Dennis Crompton
ond Hood ·····························루돌프 쉰들러 Rudolph M. Schindler ············리처드 노먼 쇼 Richard Norman Shaw
······················마리오 키아토네 Mario Chiattone ·····································마이크 웹 Mike Webb
Miss van der Rohe ······미하엘 디 크레르트 Michael de Klerk ·························미첼 데 클럭 Michel de Klerk
Brunel ··브루넬리스키 Brunellesch ···브루노 제비 Br

IX. 근대주의 건축

Modern Architecture

1. 국제주의 건축 (International Style Architecture)

1.1 국제주의 양식

건축의 본질에 대한 추구는 국제주의 양식의 사상적 출발에 있어서 근간이 되었다. 즉, 건축에 있어서 양식(Style)이란 단순히 외적 형태로 보이는 것보다는 건축공간이 가지고 있는 사상(Thought)을 의미한다는 것이다.

국제주의 양식이라는 말은 1932년 헨리 러셀 히치콕(Heney Russell Hitchcock)과 필립 존슨(Philip Johnson)이 출간한 『국제주의 양식: 1922년 이후의 건축(The International Style: Architecture Since 1922)』라는 책에서 시작되었다. 여기에서 언급하는 국제주의 양식의 표현은 매스보다는 볼륨을 ,대칭에 반대하는 것으로서의 규칙성을, 그리고 우아한 재료와 장식의 제거를 통한 기술적 완벽성과 비례이다.

이들은 국제주의 양식의 타당성에 있어 건축가들의 개인적인 해석을 허용할 수 있는 규율체계의 보편성과 통합성을 강조하고 있으며,[54] 건축에 있어서 건물의 공통적 특성을 인식하는 방법에 있어서는 건축의 요소가 아닌 건축의 본질을 의미하는 것이다.

이와 같은 국제주의 양식의 조형적 특성은 무엇보다도 장식의 배제를 통한 개방적인 실내공간을 추구하고 있으며, 색의 사용에 있어서도 백색을 주로 사용하였다. 그리고 형태적 측면에 있어서는 신 재료의 도입과 그들의 조합에 의해 규정하였다. 이는 수평 연속창이나 평지붕과 같은 건축적 구성요소와 규격화된 유리와 철근 콘크리트를 의미하는 것이다.

그림154 필립 존슨(Philip Johnson, 1906-2005)

54) "….현대의 양식을 현실의 것으로 통합하는데 충분한 고정성을 가지면서도 개인적인 해석을 허용하고 보편성 있는 성장을 촉진하는데 탄력성을 가진 규율의 체계가 지금 존재하는 것이다"
- 『국제주의 양식: 1922년 이후의 건축(The International Style: Architecture Since 1922)』 중에서 발췌

그러나 국제주의 양식이 가지고 있는 건축에 대한 전형성에 대한 추구는 건축의 개별성을 배제하고 있다. 이는 르 꼬르뷔제(Le Corbusier)의 콕(Cook) 저택과 리트벨트(Rietveld)의 슈레더(Schroeder) 주택의 비교를 통해서 잘 들어나고 있다. 아르누보적 기교와 표현주의적 주택이라는 면에서 공통되는 특성을 발견할 수 있는 점에서는 두 건물은 하나로 통합되어질 수 있으나, 르 꼬르뷔제의 필로티와 칸막이로 짜인 형태와 리트벨트의 상호의 겹침과 주변으로 확장되어 전개되는 공간구조에 있어서는 서로 상이한 면을 보여주고 있다.

1927년 독일 슈투트가르트에서의 바이센호프 집합주택전시회(Weissenhotsiedlung)는 건축 표현에 있어서 공통적 표현체제가 설립되었다는 면에서 중요한 의미를 가지고 있다. 그러나 여기에서도 개개의 작품들에서 보이는 수법에 있어서는 차이들이 존재하고 있었으며, 이는 기능의 차이와 관련되어 있었다.

한스 샤로운(Hans Scharoun)의 주택은 서로 겹치는 곡면으로 이루어져 있으면서 다른 주택 디자인의 입체 구성적인 규율에 비하여 극히 표현주의적 특질을 보여주고 있었다. 또한 르 꼬르뷔제의 주택은 건물의 필로티, 공중에 뜬 엄격한 상자, 넓은 유리면, 선박의 이미지 등 근대건축의 5개의 요점을 명시하면서 미스 반 데어로에의 억제되고 폐쇄적이며 땅에 뿌리를 내린 평면구성에 의한 공동주택과는 다른

그림155 국제주의 양식: 1922년 이후의 건축 (The International Style: Architecture Since 1922)

그림156 르 꼬르뷔제(Le Corbusier), 콕(Cook) 저택, 1924

그림157 바이센호프 집합주택전시회 (Weissenhotsiedlung) 포스터

면을 보여주고 있었다. 미스의 창은 벽으로 둘러싸인 개구부라기보다는 오히려 벽에 뚫린 구멍이며, 내부도 자유로운 평면에 따르고 있다기보다는 성격으로서 세세하게 구획된 방으로 구성되었다.

이와 같은 국제주의 양식의 개별적 특징은 대규모 건물에서도 드러났다. 그 예로서 멘델존(Mendelsohn)의 쇼켄 백화점(Schocken Department Store)과 요하네스 브린크만(Johannes Brinkmann), 렌더트 반 데어 플루크트(Leendert van der Vlugt), 마르트 슈탐(Mart Stam)에 의한 로테르담(Rotterdam) 교외에 위치한 판 넬레(Van Nelle)공장의 비교를 통해서도 보여준다.

기계의 부품과 같은 판 넬레 공장은 공장의 최대한 빛과 공기를 유입하기 위한

그림158 바이센호프 주거단지(Weissenhotsiedlung)

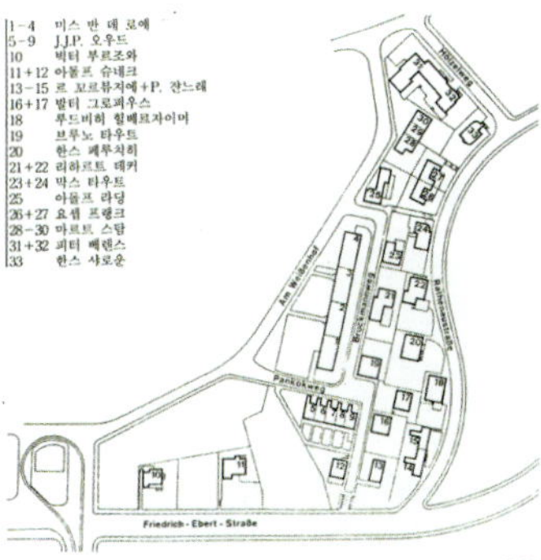

그림159 바이센호프 주거단지 (Weissenhotsiedlung) 배치도

55) 이 건물의 투명한 벽면, 밝은 유리, 회색의 금속은 하늘을 향해…. 우뚝 솟아 있다…. 모두가 밖으로 향하여 열려 있다. 이것은 내부의 각층에서 일하고 있는 모두에게 있어서 대단히 중요한 것이다. 로테르담의 판 넬레 담배공장은 근대적인 창조물이며 『프롤레타리아』라는 말이 이제까지의 의미로 가지고 있던 절망이라는 함유물을 벗어버린 것이다. 그리고 자기중심적인 소유본능이 공동체 활동의 공감으로 기울어짐에 의해서 대단히 행복한 결과를 초래했다. 즉 인간의 작업 모든 단계에 개인의 참가라는 현상이다. – 1900년 이후의 현대건축 중

유리로 이루어진 투명한 파사드와 기능이 다른 건물들을 연결하는 투명한 교량이 공중에 떠 있다. 내부는 자유로운 평면을 가진 공간에 기능을 배치하고 있으며, 건물 최상부의 유리로 덮인 공간은 식당이 갖추어져 노동자들이 작업시간에도 모일 수 있도록 하였다. 판 넬레 공장은 형태에 있어서는 기능에 의해 많은 부분이 결정된 것은 사실이나, 종이처럼 얇게 표현 된 입면이나 유리로 된 공중 교량을 통한 조형성과 기능의 연결성은 어떠한 건물적 양식보다는 이상화된 사상을 중시하고 있다. 르 꼬르뷔제는 이러한 판 넬레 공장의 투과성에 대하여 『해방』이라는 사회의 미래상을 느낄 수 있다고 하였다.[55)]

그림160 한스 샤로운(Hans Scharoun), 바이센호프 주거단지 주택, 1927

그림161 르 꼬르뷔제(Le Corbusier), 바이센호프 주거단지 주택, 1927

그림162 미스 반 데어 로에(Mies van der Rohe), 바이센호프 주거단지 아파트, 1927

그림163 요하네스 브린크만 (Johannes A. Brinkman), 렌더트 코르넬리스 반 데어 플루크트와 마르트 슈탐 (Leendert Cornelis van der Vlugt & Mart Stam), 판 넬레 공장 (Van Nelle), 1926-29

반면에 온화하고 통일된 느낌의 외관을 가진 쇼켄의 백화점의 파사드는 한 개의 커다란 곡선을 그리고 아래 부분은 거의 아무 것도 차단하는 것이 없는 쇼윈도우로 이루어져있다. 상층부는 수평 연속창으로 되어있으며, 형태에 있어서 계단이나 동선적 표현의 변화성은 보이지 않으면서도 전체적으로 역동성을 포함하고 있다. 이는 멘델존(Mendelsohn)의 작지만 다이내믹한 스케치를 통해 전체성 속에서 건물을 보려는 『표현주의』적 성격을 나타내고 있는 것이다.

이와 같이 국제주의 양식의 대표적 건물이라 할 수 있는 두 건축물에서도 볼 수 있듯이 각각의 수법적인 차이는 보이고 있으나, 떠있는 듯한 볼륨 및 가벼움이라는 표현에 있어서는 모두 동일한 양식이다.

국제주의 양식에 있어서 또한 신재료의 도입은 중요한 요소이다. 신재료 자체와 조합은 국제주의 양식의 새로운 방향점을 주었다. 1920년대에 널리 사용된 회반죽으로 마감된 벽과 평활한 벽면은 기계의 추상적인 개념으로 비물질성을 표현하고 있다. 그리고 빛나는 유리와 얇은 알루미늄은 비행기 혹은 대량 생산품을 상기시키고 있다. 베르나르트 비즈뵈트(Bernard Bijvoet)와 피에르 샤로우(Pierre Chareau)가

그림164 에릭 멘델존 (Erich Mendelsohn), 쇼켄 백화점 (Schocken Department Store), 1928-29

그림165 베르나르트 비즈뵈트 (Bernard Bijvoet), 피에르 샤로우(Pierre Chareau), 유리의 집(Maison de Verre), 1928-31

56) 히치콕과 존슨은 바르셀로나 파빌리언을 국제주의 양식의 대표적인 예라고 하고 있음.

57) 재화를 창출해내는 기념비적인 박람회의 시대는 과거의 것이 되었다. 오늘날 박람회는 문화적인 분야에서 성취한 의미를 평가하는 것이다. 경제적, 기술적, 문화적 조건은 급진적으로 변화하여 왔다. 기술과 공업에 있어서와 마찬가지로 우리들의 문화와 사회에 있어서 좋은 해답을 찾아내는 것은 대단히 중요한 일이다. 독일공업계, 그리고 유럽공업계 전체는 이 명백하게 제시된 과제를 이해하지 않으면 안 된다. 그 같은 양에서 질로, 확산에서 집약으로 이르는 것이 아니면 안 되는 것이다. - 미스 반 데어 로에(Ludwig Mies van der Rohe)

진료소와 개인주택을 조합시킨 유리의 집(Maison de Verre)은 유리블록과 가는 지주들을 통한 외피의 구성으로써 이러한 변화를 잘 보여주고 있다.

1.2 바르셀로나 파빌리언(Barcelona Pavilion)

1929년 미스 반 데어 로에가 계획한 바르셀로나의 만국박람회를 위한 독일 파빌리언은 국제주의 양식을 대표하는 작품이다.[56] 이 전시관은 순수한 시대정신을 건축적 공간으로 구현한 것으로 미스 역시 이를 작품에서 강조하고 있다.[57]

미스는 전시관에서 형태와 기술의 통합, 근대와 고전의 가치 통합을 구체화하고 있으며, 이것은 기존에 존재하지 않았던 공간의 효과를 창출하고 있다. 기단 위 구조물의 배치에 있어서의 비례와 처마선에 의한 추상적 형태의 재편성 등은 쉉켈(K. F. Schinkel)의 흔적을, 벽체의 배치에 있어서는 상호 관입이라는 데 스틸(De Stijl)

그림166 미스 반 데어 로에 (Mies van der Rohe), 바르셀로나 파빌리언 (Barcelona Pavilion), 1929

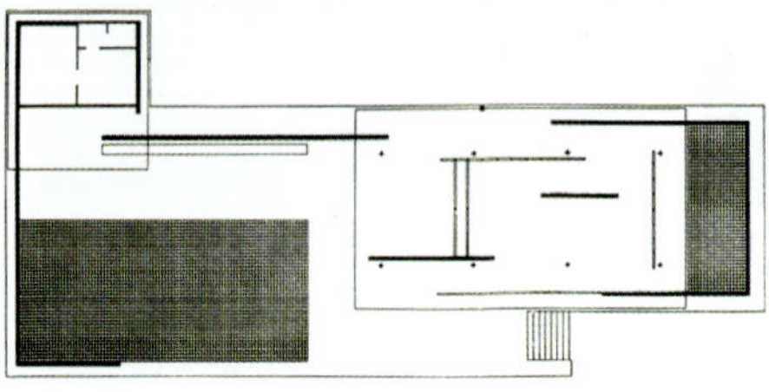

그림167 바르셀로나 파빌리언 (Barcelona Pavilion) 평면도

의 영향을, 그리고 떠 있는 지붕과 오픈 플랜(Open Plan)에서는 프랭크 로이드 라이트의 대초원 주택을 연상케 하고 있으며, 2개의 장방형으로 이루어진 연못과 연못 안의 게오르그 콜베(Georg Kolbe)의 조각상은 건물 전체에 있어서 비(非)물질감과 고전적 감각을 더 해 주고 있다.

전시관의 높이는 슬래브의 크기에 의해서 3.1m로 되어있으며, 벽을 지지하는 기단, 기단으로 올라가는 계단, 오닉스 벽체, 크롬도금 된 십자형의 기둥들과 크롬도금의 스테인레스 플랜지로 받쳐진 무거운 가죽의자인 『바르셀로나 의자』는 실내공간에 고풍스러운 느낌을 자아낸다.

전시관의 내부에 있어서는 건축요소적인 면으로 단순함 그리고 건축공간적인 면으로 복잡함을 동시에 내재하고 있다. 강철기둥과 대리석, 그리고 여러 색의 유리 등으로 이루어진 사각형의 독립된 면은 벽면으로 수직으로 놓여 있거나 지붕면으로서 수평으로 놓여있다. 그러나 이러한 요소들은 공간을 한정하기보다는 일정한 방향으로 끝없는 흐름을 유도하고 있다.

이와 같은 파빌리온 건물의 형태는 1923년 벽돌전원주택계획안과 철근콘크리트조의 오피스 빌딩 안에서 떠오르는 듯한 수평의 슬래브, 그리고 그리드 구조가 통합된 것으로서 이것은 이후에도 여러 가지로 변형을 하면서 적용되기도 하였다.

그림168 바르셀로나 파빌리언 (Barcelona Pavilion) 연못과 게오르그 콜베(Georg Kolbe)의 조각

그림169 바르셀로나 파빌리언 (Barcelona Pavilion) 복원된 내부

체코슬로바키아의 부르노에 있는 투겐다트 주택은 그 예라 할 수 있다.

바르셀로나 파빌리온은 근대건축이 갖고 있는 『단순화』가 건축의 영속하는 최상의 가치와 현재의 이미지를 유합할 수 있음을 보여주고 있다. 파빌리온은 박람회가 끝난 후에 철거되었으며, 현재의 모습은 1986년에 다시 현대건축의 대표작으로 인식되면서 원래의 재료 그대로 복원된 것이다.

그림170 미스 반 데어 로에 (Mies van der Rohe), 투겐다트 주택 (Villa Tugendhat) 전경, 1928-30

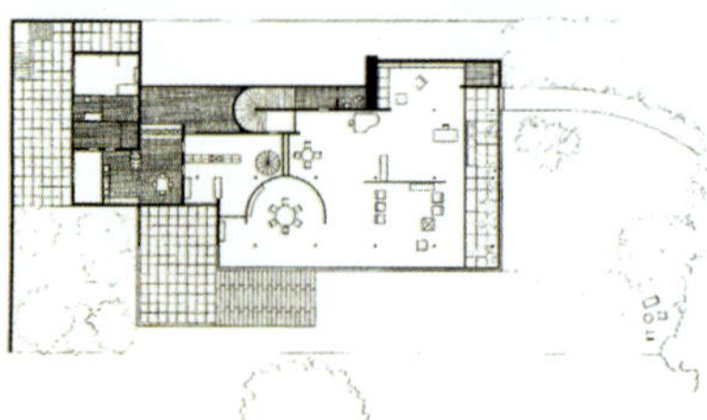

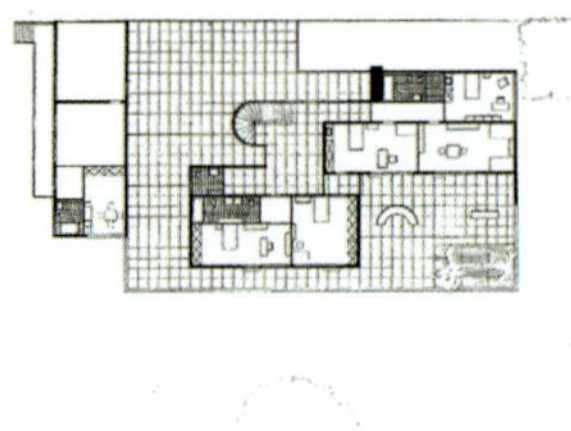

그림171 투겐다트 주택(Villa Tugendhat) 평면도

2. 근대국제건축회의

(CIAM : Congrès Internationaux d'Architecture Moderne)

2.1 근대국제건축회의(CIAM)

이데올로기로서의 최종적인 건축가의 모습은 CIAM(근대국제건축회의 : Congrès Internationaux d'Architecture Moderne)[58]에서 결실을 보게되었다. CIAM은 1928년 스위스의 라 사라(La Sarraz)성에서 헬렌 드 만드로 부인[59]의 저택에 모인 건축가들에 의해 결성된 것으로서 지그프리드 기디언(Siegfried Giedion)과 르 꼬르뷔제(Le Corbusier) 등이 중심이 되어 중요한 건축 사업을 조정하는 관(官) 주도하의 건축 집단에서 이루어지는 적대적인 알력에 대항하여 현대 건축의 존재 권리를 확고히 하는 것[60]과 종래의 아카데미에서 벗어난 전체적인 건축을 목표로 한다는 방향성을 가지고 있었다. 이러한 세계의 젊은 건축가들의 국제조직이 결성된 계기로는 크게 세 가지가 있었다. 첫 째는 헬렌 드 만드로 부인의 젊은 건축가들 모임 주선에 대한 적극적인 의지가 있었으며, 두 번째는 제네바 국제현상연맹관 현상공모전에서의 불미스러운 사건[61]이다. 그리고 세 번째로는 사회적으로 고립된 건축가들에게 이론적인 근거를 제공하고, 그들이 특수한 문제에 부딪힐 때 그들의 접근방식을 방어해 줄 수 있는 전문적 도움의 필요성에 의한 것이다.

6월 28일에 발표된 선언에는 다음과 같은 문장이 보인다.

『우리들의 건축작품은 현재만을 기원으로 하여야 한다.』

그림172 라 사라(La Sarraz)성에 모인 CIAM의 창립회원들

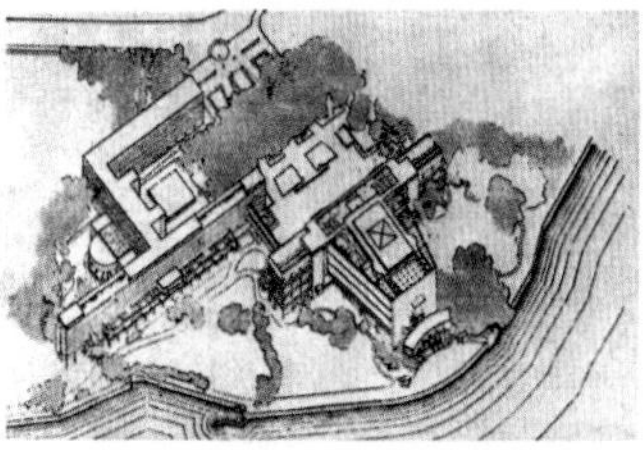

그림173 르 꼬르뷔제(Le Corbusier), 국제연맹본부 계획안, 1927

58) 『회의(Congres)』라는 용어를 사용한 이유는 "함께 일한다"란 의미가 담겨있다.
59) 헬렌 드 망드는 『예술가의 집』을 창설하여 젊은 화가들의 모임을 가능하게 하였으며, CIAM의 결성을 위한 모임을 주선하기도 하였다.
60) 지그프리드 기디언(Siegfried Giedion), 시간 그리고 건축(Space, Time and Architecture) 중에서
61) 이 현상공모전의 당선작인 르 꼬르뷔제 안이 파리의 아카데미 데 보자르의 아리스티드 브리앙 교수에 의해서 거부된 사건

『우리들이 이곳에 모인 목적은 현존하는 여러 가지의 요소의 조화-현대에 불가결한 조화-에 대하여, 건축을 그 본래의 장소, 즉 경제 및 사회의 장소로 끌어냄으로서 획득하는 것이다. 따라서 건축은 불모의 아카데미나 오래된 양식의 영향에서 해방되어야 한다.』

『가장 효과적인 작품은 합리화와 규격화로부터 생겨난다.』

이러한 문장 속에는 독일공작연맹에서의 논의, 바우하우스의 역사관, 아카데미 교육에의 찬반, 산업혁명이후의 근대사회에 대한 이해 등 20세기의 건축운동이 목표로 해왔던 모든 요소가 포함되어 있다는 점을 볼 수 있다. 더욱이 CIAM운동은 처음부터 국제적인 운동으로서 전개한다는 것을 주요 목적으로 하고 있었다. 각국의 역사적 전통에 얽매이지 않는 건축을 목표로 하는 움직임으로서 국제적이라는 것은 당연한 것이었으며, 근대건축 그 자체의 본질을 그들이 어떻게 생각하였는가를 동시에 잘 나타내고 있다.

CIAM의 건축관은 보편적이며 합리적인 건축을 이상으로 하고 있으며, 이 점이 기계를 모델화한 건축관(建築觀)을 결정시키게 된다. 1911년에 영국의 건축가 W. R. 레더비는 고딕의 대성당과 기선(機船)은 '양쪽 부분을 서서히 개량해 감에 따라 같은 디자인되어 온 것'이라고 기술하여, 건축과 기선의 유이성(類以性)을 지적하였

그림174 르 꼬르뷔제(Le Corbusier), 『새로운 건축을 향하여 (Towards a New Architecture)』 영문판 책 표지

62) 아테네 헌장의 모든 텍스트는 장지로두의 서문에 실린『아테네헌장(Charte d'Athènes), 파리, 1943년』라는 제목으로 프랑스에서 출간 됨.

63) 르 꼬르뷔제는『주거와 여가공간』(파리, 1938)이라는 책자로 이 회의의 자료를 실었다.

는데, 1924년에 르 꼬르뷔제는 그의 저서인『건축을 향하여(Vers Une Architecture)』에서『살기위한 기계』로서의 주택의 이미지를 기술하였다. 이러한 문장 속에는 '손작업이 아닌 기계만이 시대의 상징이다'라는 의미가 포함되어 있었다.

그렇다면 기계란 어떠한 성격을 갖고 있는 것일까. 기계에는 세 가지의 커다란 특징이 있다.

첫째, 목적(目的)을 갖는다. 둘째, 부품(部品)으로부터 조립(組立)된다. 셋째, 보편적으로 작동한다라는 것이다. 기계를 모델로 하는 건축은 기능을 눈에 보이는 형태로 조형하며, 건물의 각부를 확실히 분리한 요소로서 정리하여 세계의 모든 지역에 보편적으로 지워질 수 있는 국제양식이 되는 점을 목표로 하는 점으로서 기계가 갖고 있는 세 가지의 특성을 그대로 반영하고 있는 듯하다.

CIAM은 근대사회에 있어서 건축의 본연의 모습을 간파한 귀결로서, 도시에 대한 이미지까지 추구하고 있다. 도시상의 추구, 건축 상호의 연결의 추구만이 CIAM이 일관하고 있는 모티브였다. 이러한 것들이 결실을 보게 것은 1933년 마르세이유와 아테네 사이를 항해하는『파리 II』위에서 열린 CIAM의 제4회 대회에서 정리된『아테네헌장(Charte d'Athènes)』[62]이다.

이 헌장에는 CIAM이 생각하고 있는 근대도시에 대한 파악이 매우 선명히 나타나 있는 것으로 도시를 요소별로 분해하여 이해하려 하였다.『아테네헌장』에는 도시를 주거, 여가, 근로, 교통, 역사적 유산의 다섯 가지의 항목으로 분석하여 고찰하고 있으며, 이를 바탕으로 런던과 파리, 디트로이트, 로스앤젤레스, 아테네, 로마, 바르샤바, 마드리드, 취리히 등을 포함한 33개의 도시를 분석하였다.

이후 제6회 CIAM대회까지는 도시요소의 개별적인 검토가 주요 테마가 되었다.

64) CIAM 그리드는 매트릭스 형태를 띠고 있으며, 주요 헤드는 주거와 사무, 오락, 교통이 차지하고 측면과 상부에는 지역과 건물의 볼륨, 미학적, 경제적, 사회적 조건들, 법률 등에 해당하는 헤드들이 있다. 재료들은 적절한 위치에 배치되어 있으며, 모든 사각형을 체울 필요는 없다.

65) 영국 CIAM 단체가 채택한 이름

1937년 파리에서 열린 제5차 회의에서는 『하우징(Housing)과 레크리에이션(Recreation)』이었으며[63], 세계대전으로 인하여 10년간 지연된 6차 회의의 주요 테마는 『구제사업과 전후 도시 계획의 발전』이었다.

제6차 회의 이후부터는 각 요소 간을 정리하는 요소, 즉 연결되는 요소의 모색에 기울이게 되는데, 1949년 이탈리아 베르가모(Bergamo)에서 열린 제7차 회의에서는 『CIAM 그리드』[64]를 이용하여 신도시 개발문제와 새로운 커뮤니티 센터 개발 문제 등 다양한 도시문제들을 분석하였다.

그리고 1951년 런던 근처의 호데스돈에서 열린 제8차 회의에서는 MARS 그룹[65]에 의해 제안된 『도시의 심장』이라는 주제 아래에 도시 센터의 형성에 관하여 이야기 되었다. 이 8차 회의를 기점으로 CIAM의 도시계획에 있어 사회적인 측면에 관한 내용은 사라지게 되며, 9차 회의에서는 『인간 정주지』라는 주제가 회의에 중심이 되었다.

CIAM의 1956년 제10차 대회는 이제는 구세대가 된 기존의 CIAM 지도자들과 젊은 세대 간의 대립이 나타나게 되었다. 젊은 건축가들의 모임인 『팀 텐(Team X)』에 의한 제10차 회의에서는 전체보다는 부분을 강조하게 되었으며, 건축에 있어서 조직보다는 개인에 관심이 모아지게 되었다. 이는 CIAM의 25년을 마감하게 된 이유가 되기도 하였다.

근대 건축에 대한 역할에 있어서 CIAM은 건축이나 도시의 이미지를 추구하는 국제적인 장소인 동시에, 건축가라는 존재를 세계에 어필하는 역할도 이룩하였다. 이곳에서 떠오르는 『건축가(Architect)의 모습』은 근대건축을 추진하는 이데올로기로서의 건축가였으며, 건축가의 세계가 단순히 건축주들의 요구에 의한 수동적인 영역에서 벋어나 적극적으로 삶을 다루고, 그 형태를 만들어 나갈 수 있도록 확대되었다는 점에 공적이 크다 하겠다.

2.2 르 꼬르뷔제(Le Corbusier, 1887-1965)

르 꼬르뷔제의 본명은 샬르 에드워르 잔누레(Charles Edouard Jeanneret)이며, 근대건축의 거장으로서 잘 알려진 사람이다. 스위스의 학생회관, 롱샹교회(Notre-Dame-du-Haut) 등 세계 각지에 유명한 작품을 수많이 남겨놓았다. 르 꼬르뷔제는 1887년 10월 6일 스위스의 라·쇼드·폰(La Chaux-de-Fonds) 마을에서 태어났으며, 부친과 조부는 시계직공이고 모친은 피아노 교사였다. 그들은 르 꼬르뷔제에게 "일을 시작하였으면 끝을 맺도록 하라."고 항상 말하였다고 하며, 이 말은 후에 자신 삶의 기초가 되었다고 한다.

1900년 13세가 된 르 꼬르뷔제는 그 지방의 미술학교에 입학하여 조각코스를 받았으며, 그의 교사이며 조언자였던 샤르 레프라토니(Charles l'Eplattenier)는 르 꼬르뷔제의 재능을 높게 평가하여 그에게 건축가가 될 것을 권유하였다. 15세 때 르 꼬르뷔제는 토리노의 국제장식미술전에서 시계장식으로 입상을 한다. 아직은 소년이었던 르 꼬르뷔제에게 있어서 이 입상은 매우 인상 깊은 것으로서 이후에도 자신이 예술가로서 출발하게 된 것은 그 당시 입상의 영향이 컸다고 말하고 있다.

젊은 시절 르 꼬르뷔제는 미래의 자신을 형성하여 가는데 커다란 영향을 주게 된 몇 회의 여행을 하게 된다. 1907년 그의 첫 여행지는 이탈리아와 프랑스로, 여행 중 파리에서 근대 콘크리트 건축의 아버지라 불리는 어거스트 페레(August Perret)와 조우하게 되었다. 페레사무소에서 한동안 근무하게 된 르 꼬르뷔제는 그곳에서 콘크리트라는 소재의 가능성을 배우게 된다. 1910년에는 독일로 여행을 하였다. 그곳에서도 독일의 근대건축의 선구자인 피터 베렌스(Peter Behrens)를 만나게 되어 그곳에서 한동안 근무하게 된다.

그림175 르 꼬르뷔제(Le Corbusier, 1887-1965)

그림176 르 꼬르뷔제(Le Corbusier), 여행 중의 스케치

마지막으로 그에게 가장 큰 영향을 준 것은 1911년의 터키와 그리스의 여행이었다. 파르테논 신전을 위시한 그리스의 고전주의적인 문화와 터키의 오랜 전통을 지닌 문화와의 대비를 느끼며 그 속에서 건축이 어떠한 점에 뿌리를 두고 만들어 지는 것인가를 이해할 수 있는 동기를 얻게 되었다.

귀국 후 르 꼬르뷔제는 모교의 미술학교의 교사가 되었는데, 건축공부를 더욱 진전시키기 위해 1917년 파리로 이주한다. 파리에서 페레로부터 화가이며 미술평론가이었던 아메데 오장팡(Amedée Ozenfant)을 소개받은 르 꼬르뷔제는 오장팡과 시인인 폴 데르메(Paul Dermée)와 함께 잡지 에스프리 누보(L`Esprit Nouveau)를 창간하였다. 이 잡지에서 그는 처음으로 『르 꼬르뷔제(Le Corbusier)』라는 필명을 사용하였으며 그 후 건축가로서의 이름으로 굳어졌다.

에스프리 누보는 1920년부터 25년까지 18권이 발행되었으며, 르 꼬르뷔제는 이 잡지에서 후에 『건축을 향해서(Ver une Architecture)』, 『도시계획(Urbanisme)』, 『오늘날의 장식예술(L'Art Décoratif d'Aujourd'hui)』등의 저작을 하는 데에 필요한 여러 가지의 기사를 발표하였다. 1921년에 발표한 제8호에서 그는 『주택은 살기 위한 기계이다.』라고 언급하였는데 이 말은 매우 유명하게 되었으며 한편으로는 근대건축의 비인간성을 나타내는 표현이라는 평가를 받기도 하였다. 그러나 이는 결코 그러한 의미에서 사용된 것은 아니다. 그가 말하는 『기계』의 이념이란 '기능을 가지고 있는, 전체적으로 연결되는 부품을 지니고 있는, 보편적으로 작동한다'라는 의

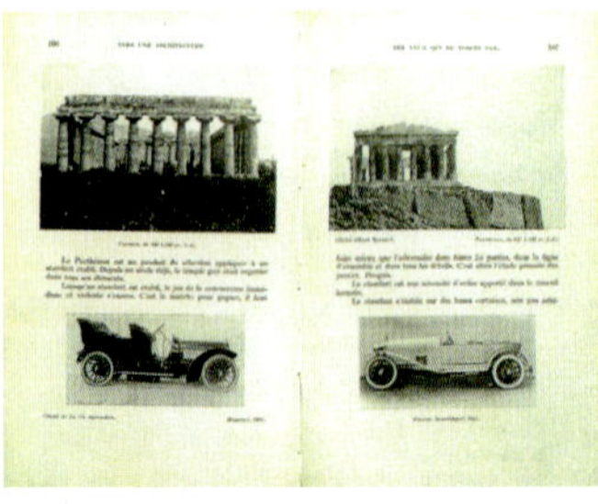

그림177 르 꼬르뷔제(Le Corbusier), 그리스 사원과 자동차 (Greek Temples & Cars) : 건축을 향하여 (Vers une Architecture), 1923

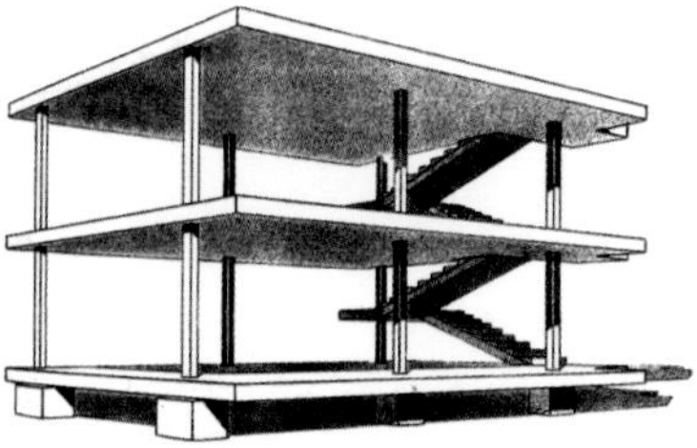

그림178 르 꼬르뷔제(Le Corbusier), 도미노(Domino) 구조

미인 것이다. 그는 근대주택에 이러한 개념들이 필요하다고 인식하여 그 모델로서 『기계』에 건축의 이념을 두었던 것이다.

19세기 당시에는 주택이란 건축가의 주요 테마는 아니었다. 당시의 건축가에 관련된 영역은 교회, 대성당 등의 종교건축, 대궁전 시청사 등의 공공건축, 요새 등의 군사건축의 3가지였다. 소위 주택은 직공, 대공, 청부업자들이 일상의 업무로서 만들어져 왔다. 이러한 가운데 꼬르뷔제는 "건축은 --- "라고 하지 않고 "주택은 살기위한 기계이다"라고 표방하면서 주택을 건축의 주요한 테마로 취급하여 그의 모든 건축관의 중심에 두었다. 근대건축이 주택을 중심으로 발전하였다는 관점에서 볼 때 그는 근대건축가의 선구자이다.

1910년에서 20년에 걸쳐서 르 꼬르뷔제는 주택의 원형이 되는 모델을 여러 가지로 생각하였다. 그 하나는 1914년에 생각해 낸 도미노(Domino)로 바닥을 기둥으로 지지하는 타입이었다. 이는 당시 유럽의 축조양식이 벽돌과 돌로써 벽을 세우거나 지붕을 만들었다는 점에서 유럽 건축에서는 획기적인 것이었다. 두 번째로는 1919년에 만든 모노롤(Monorole)이라 불리는 것으로 생선묵형 지붕의 유닛 타입이다. 세 번째가 1922년 에 만든 메종 시트로앙(Maison Citrohan)으로 이는 모노롤의

그림179 르 꼬르뷔제(Le Corbusier), 메종 시트로앙(Maison Citrohan), 1922

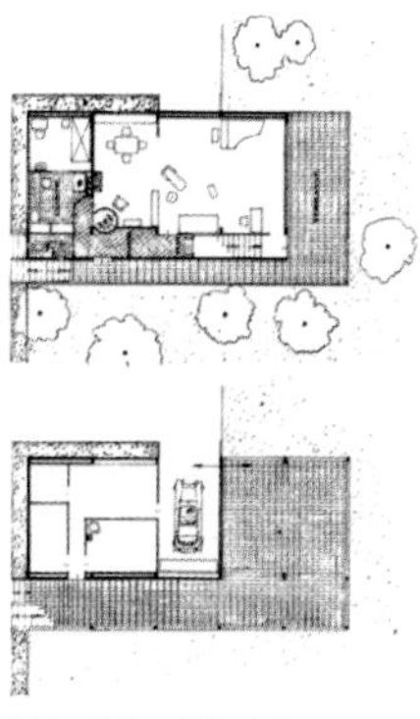

그림180 메종 시트로앙 (Maison Citrohan) 평면도

변형으로도 보이는 상자각형의 타입이다.

이들 원형의 각각은 독립된 주택이다. 그러나 이를 종횡으로 연속시켜 연립시키면 집합주택이 되며, 이를 발전시키면 도시라는 커다란 집합체를 만들 수 있는 것이었다. 즉 르 꼬르뷔제는 하나하나가 매우 명쾌하였으며 또한 그의 명료성이 주택의 원형을 만든 것이었다. 여기에서 그의 주택에 대한 생각의 일면을 잘 나타내고 있으며, 그의 발상은 도시 그 자체를 향하고 있는 것이다.

르 꼬르뷔제는 세계의 건축가들과 근대건축의 문제를 생각하는 조직인 근대건축국제회의(CIAM:Congrès International d'Architecture Moderne)를 만들었다. 1933년에 열린 CIAM은 도시에 대한 생각을 정리한 『아테네헌장(Charte d'Athènes)』을 발표하게 되었으며, 이는 도시를 몇 가지의 요소로 분해하여 생각한 것으로 도시에는 주거, 근로, 여가의 3요소가 있으며, 이들을 연결시키는 것으로 교통이라는 요소가 있다는 것이었다. 이는 직주분리의 근대사회를 도식화한 것이며, 근대건축에 있어서 도시관(都市觀)이며 동시에 우리가 살고 있는 근대적 생활공간을 그대로 나타내고 있는 것이기도 하다.

이러한 르 꼬르뷔제의 도시 이미지는 1922년의 3백만을 위한 도시(Une Ville de Trois Millions d'Habitants)계획안을 위시하여, 1925년의 보아쟁 계획(Plan Voisin)의 파리 개조계획안, 1935년의 도시유형으로서의 도시로 빛나는 도시(La Ville Radieuse) 등을 발표하였다. 빛나는 도시는 고도로 중앙 집중화되고 인구밀도도 높았지만 대부분의 지면은 공원과 놀이터와 같은 여가를 위한 영역으로 남겨두었으며, 도시의 원활한 흐름을 위한 넓은 도로와 입체적인 보행자 가로를 계획하였다. 또한 옥상정원의 도입을 통하여 여가활동을 더욱 증대시키고자 하였다.

66) 12세기 말 이탈리아 천재 수학자 레오나르도 피보나치가 제안한 수열로써 식물뿐 아니라 소라의 나선구조에도 나타나며 『신의 비율』인 황금비를 만들어낸다.

그는 자신이 생각한 유닛 주거로 부터 출발하여 그것이 정연히 전개해 가면서 도시를 만들어 간다는 도시계획의 도시이념을 제창한 것이었다. 그러나 그가 생각한 도시론(都市論)에 있어서 그의 이론적 명쾌함은 과거로부터 축척해 온 도시의 의미를 무시해 버린다는 비판도 있었다.

르 꼬르뷔제는 주거라는 단위에서 도시전체를 연결시켜가는 과정에 치수의 체계를 적용하였다. 그는 이를 모듈로(Modulor)라고 부르고 있는데, 황금분할 비율과 피보나치수열[66]을 조합하여 건축을 만드는데 적합한 수치를 만들어 낸 것이다. 그 근원이 되는 것은 인체의 심장이며, 이곳에서 잘게 분할해가는 수치, 늘어나가는 수치를 결정하고 있다. 모듈로는 르 꼬르뷔제에게 있어 과거 비례체계에 있어 규준선(Regulating Lines)이 가지고 있는 한계성을 극복하여, 새로운 건축세계를 열어주는 도구였다. 모듈로는 건축과 기계들에 적용할 수 있는 인간적 스케일의 조화로운 측정체계로서 조화로운 세계를 창조하기 위하여 서양의 고전 건축에 고전적인 오더가 있듯이, 르 꼬르뷔제는 현대에 보편적으로 작용할 수 있는 질서를 찾고자 하였다. 결국 모듈로라는 치수체계는 르 꼬르뷔제 이외에는 거의 사용하지 않는 것으로 되어버렸지만 이러한 이론적인 수치를 인간적인 형태로써 표현해 가는 의욕을 가졌었다는데 그 의의가 있다.

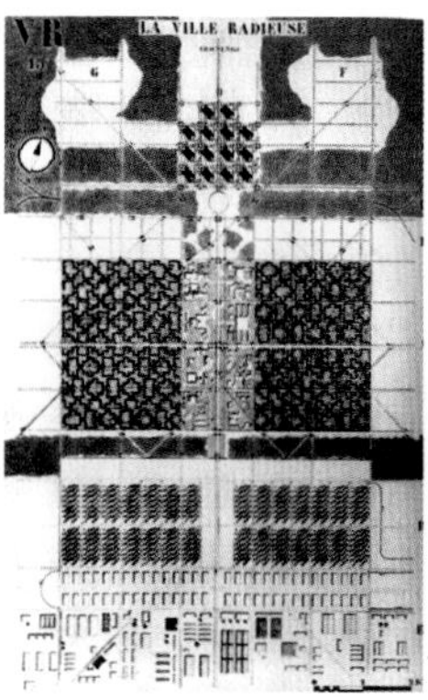

그림181 르 꼬르뷔제(Le Corbusier), 빛나는 도시(La Ville Radieuse), 1935

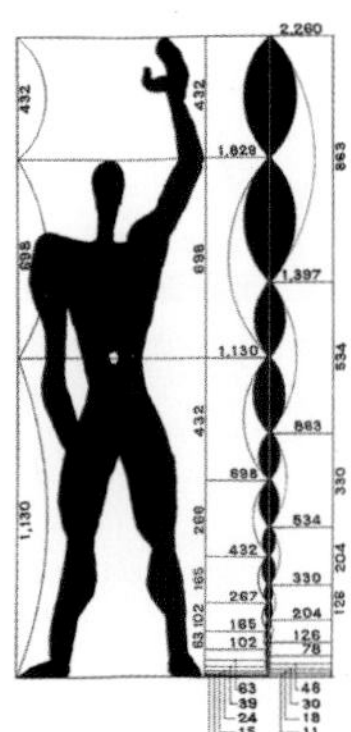

그림182 르 꼬르뷔제(Le Corbusier), 모듈로(Modulor)

르 꼬르뷔제는 자신이 개발한 모듈로(Modulor)를 건물에 적용하고자 하였으며, 그 대표적인 것이 바로 롱샹(Ronchamp)에 있는 노트르담 듀오 예배당(Notre-Dame-du-Haut)과 마르세이유(Marseilles)의 유니테 아비따시옹(Unite d'Habitation) 그리고 리옹(Lyon) 근교에 위치한 라 뚜렛 수도원(Monastery of La Tourette)이다.

르 꼬르뷔제는 작품을 만드는 동시에 항상 이를 일반화 그리고 방법화(方法化)하였다. 이러한 점은 르 꼬르뷔제의 또 하나의 특징으로서 주택에 있어서는 필로티(Piloti), 옥상정원, 자유로운 평면, 연속창(Ribbon Window), 자유로운 파사드의 5가지의 『근대건축의 5원칙』으로 나타났다.

우선 첫 번째의 필로티(Piloti)란 기존의 건물처럼 지면에 스며들어간 것 같은 형태로 짓는 것이 아니라 기둥으로 건물을 들어올려, 지면으로부터 떨어트린 형태로 짓는 것을 말한다. 두 번째의 옥상정원은 옥상지붕으로 하여 옥상에 정원을 마련하는 것으로 생활 속의 여가를 누릴 수 있는 곳이다. 세 번째의 자유로운 평면은 종

그림183 르 꼬르뷔제(Le Corbusier), 노트르담 듀 오 예배당(Notre-Dame-du-Haut), 1950-04

그림184 르 꼬르뷔제(Le Corbusier), 유니테 아비따시옹(Unite d'Habitation), 1947-53

그림185 르 꼬르뷔제(Le Corbusier), 라 뚜렛 수도원(Monastery of La Tourette)

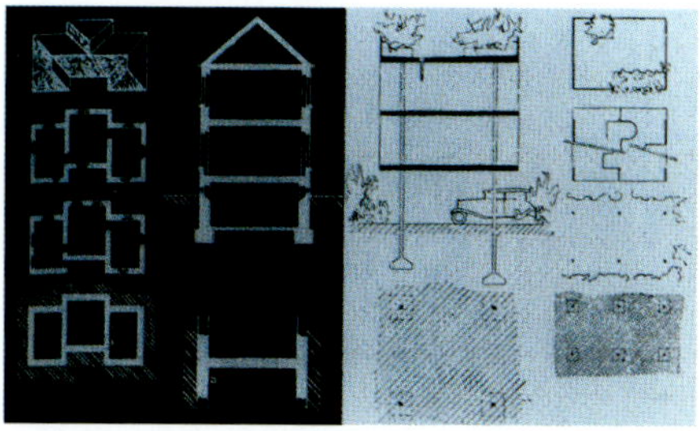

그림186 르 꼬르뷔제(Le Corbusier), 근대건축의 5원칙 개념도

래와 같이 벽을 만들어 그 둘레의 속을 방으로 하는 것이 아니라, 규칙적 혹은 불규칙적으로 기둥을 세워, 그 사이를 자유로이 연결시키면서 필요한 방을 계획하는 것이다. 네 번째의 옆으로 긴 창이란 종래는 벽체가 무거운 건물이었기 때문에 벽에 구멍을 뚫어 창을 만드는 형태였으나 기둥을 자유로이 세워 그곳에 바닥을 까는 방법을 사용한다면 원칙적으로 창의 배치와 형태는 자유로워 질 수 있다는 것을 의미한다. 다섯 번째의 자유로운 파사드란 위의 요소들로서 건물을 만들어 가면 건물의 표피는 마치 한 장의 커튼과 같이 자유로이 건물의 외측을 만들 수 있으며 필요에 대응하여 창을 만든다던지 벽을 세울 수 있게 되는 것을 의미한다.

이처럼 『근대건축의 5원칙』이란, 대지위에 정원에 둘러싸여 있으며 건물 속에는 방이 있고 견고한 외관과 마땅히 그래야만 하는 모습의 창과 입구로서 짓는다는 종래의 건축의 상식 모두를 뒤엎은 것이었다. 결국 르 꼬르뷔제에 있어서의 근대건축이란 전통적인 건축의 상식을 전부 반전시킨다는 점이 역설적으로 성립된다. 이는 철골구조와 ·철근콘크리트구조에 의해 가능하게 된 건축의 표현을 구체적인 형태로서 표현한 것이다.

르 꼬르뷔제는 이러한 원칙을 구체적으로 작품 속에서 실현해 가게 되는데, 그가 설계한 독립주택 중에서 5원칙이 가장 체계적으로 잘 표현된 것은 파리근교에 세워진 빌라 사보아(Villa Savoye)이다. 이는 꼬르뷔제가 1929-1931년에 걸쳐 만든 것으로, 근대건축 가운데 가장 아름다운 주택중 하나이며 혹자는 르네상스시대의

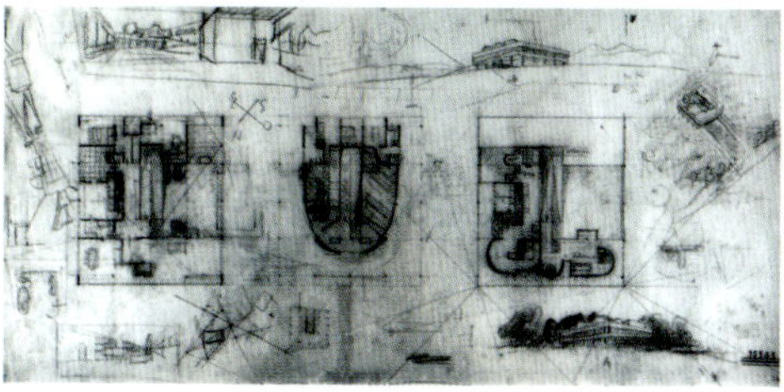

그림187 르 꼬르뷔제(Le Corbusier), 빌라 사보아 스케치 (Villa Savoye), 르 꼬르뷔제 재단, 1928

이상적인 건축의 계보를 거친 것이라는 평가까지도 하고 있다. 필로티, 옥상정원, 옆으로 긴 창 등 빌라 사보아에는 그의 이론이 실로 훌륭히 아름답게 표현되어있다. 이론뿐 아니라, 그 이론을 아름답게 표현하는 것을 실현하였던 것이다. 여기에 그의 찾아보기 힘든 재능이 있는 것이다.

그의 회화적 재능은 그가 회화적 표현 속에서 자신의 생각을 발전시킬 수 있도록 하였으며, 또한 그가 젊었을 때 페레로부터 배운 콘크리트에 대한 표현은 이를 가능하게 하였다. 다시 말하면 꼬르뷔제는 예술적인 표현과 재료, 그리고 기술의 새로운 경향을 여러 가지의 장르를 초월하면서 응용하여, 그것을 자신의 재능과 합하여 건축

그림188 르 꼬르뷔제(Le Corbusier), 빌라 사보아(Villa Savoye), 1931

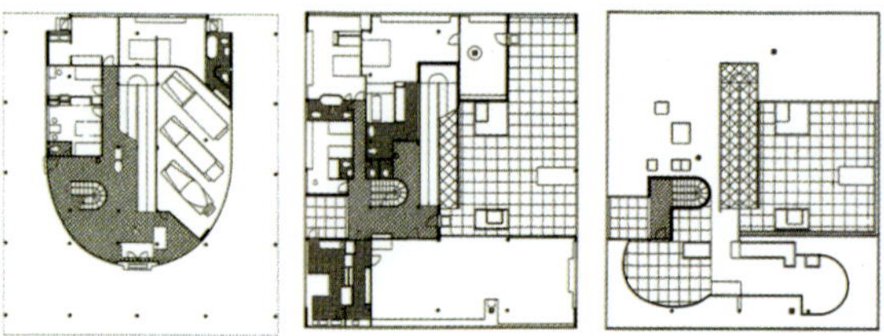

그림189 빌라 사보아(Villa Savoye) 평면도

의 표현으로 연결 지었던 것이다.

르 꼬르뷔제는 건축의 이론을 성립함과 동시에 많은 조형적인 언어를 만들어 냈으며, 삼각형의 톱라이트, 경사로, 손잡이 등의 그의 독창적인 디자인들은 작품들 속에서 자주 찾아볼 수 있다. 1955년 르 꼬르뷔제는 파리에서 오르세이 역을 회의장과 호텔로 바꾸어 버리는 대범한 계획을 세웠다. 이는 국제주의적 스타일을 파리 한가운데 세우려는 것이었다. 다행히 이 계획은 실현되지 못하여 현재의 오르세이 미술관(Musee d'Orsay)이 현존한다. 후반의 르 꼬르뷔제는 건축이 세워져야만 하는 장소, 혹은 그 장소에 어울리는 건축을 추구하는 요소가 한층 확실히 강하게 나타난다.

근대건축의 아버지라 불리는 르 꼬르뷔제의 건축은 추상적인 것을 구체적인 형태로 고치려 하는 감수성, 혹은 건물이 세워지는 장소에 대한 감수성을 내포하고 있었다.

근대건축이란 추상적 공간, 추상적 시간위에서 성립한다고 말해지는데, 현재 많은 건축가들은 이에 대하여 의문을 품고 있다. 그리고 역사성을 지닌 시간의 흐름으로서의 시간과 장소성을 지닌 공간에 대한 인식이 새로이 전개되면서 포스트모더니즘이라는 표현주의도 나타나게 된다.

토니 가르니에 Tony Garnier …… 토마스 램 Thomas Lamb

nard Fontaine …… 피에르 샤로우 Pierre Chareau …… 피에트 몬드리안 Piet Mondrian

필립 존슨 Philip Johnson …… 한네스 마이야 Hannes Meyer

루스 베를라에 Hendrick Petrus Berlage …… 헨리 러셀 히치콕 Heney-Russell Hitchcock …… 헨리

Guido Frette …… 까를로 스카르파 Carlo Scarpa …… 까를로

단크마어 아들러 Dankmar Adler …… 데니스 크롬톤 Dennis Crompton

ond Hood …… 루돌프 쉰들러 Rudolph M. Schindler …… 리처드 노먼 쇼 Richard Norman Shaw

마리오 키아토네 Mario Chiattone …… 마이크 웹 Mike Webb

iss van der Rohe …… 미하엘 디 크레르트 Michael de Klerk …… 미첼 데 클럭 Michel de Klerk

runel …… 브루넬리스키 Brunellesch …… 브루노 제비 Bru

Semper …… 구스타프 에펠 Gustave Eiffel …… 귀도 프레떼 G

다니엘 리벤스킨 Daniel Libeskind …… 다니엘 번햄 Daniel H. Burnham

-Nagy …… 레오 본 크렌체 Leo von Klenze …… 레이먼드 후드 Raymond Hood

tin Roche …… 마리오 보타 Mario Botta

만푸레도 타푸리 Manfredo Tafuri …… 맥크무르도 A. H. Mackmurdo

발터 그로피우스 Walter Gropius …… 발터 크레인 Walter Crane

루베트킨 Berthold Lubetkin …… 브세볼로드 마이어홀드 Vsevolod Meyerhold

bastiano Larco …… 스탠포드 화이트 Stanford White …… 아나톨 드 보도 Anatole

아우렐리오 갈페티 Aurelio Galfetti …… 안토니오 가우디 Antonio Gaudi …… 안토

hannes Pieter Oud …… 어거스트 페레 Auguste Perret …… 어니스트 랜섬 Earnest Ransome

as Ungers …… 오스카 슐레머 Oskar Schlemmer …… 오토 바트닝 Otto Bartning

요하네스 브린크만 Johannes Brinkmann …… 우발도 카스타뇰리 Ubaldo

스 William Morris …… 윌리엄 반 알렌 William van Allen …… 윌리엄 르 바론 제니 William Le Baron Jenny

제임스 스털링 James Stering …… 조르죠 그라시 Giorgio Grassi

존 미드 하웰스 John Mead Howells …… 죠셉 팩스톤 Joseph Paxton

bert Ashbee …… 찰스 무어 Charles Moor …… 찰스 프란시스 앤슬

칼 프리드리히 쉰켈 Karl Friedrich Schinkel …… 커티스 William J. R. Curtis

텍톤 Tecton …… 토니 가르니에 Tony Garnier …… 토마스 램 Thomas Lamb

프랭크 로이드 라이트 Frank Lloyd Wright …… 프리츠 헤이거 Fritz H?ger

Peter Einsenman …… 피터 쿡 Peter Cook

olain …… 헤르만 무테지우스 Hermann Muthesius …… 헤르만 오

세볼로드 마이어홀드 Vsevolod Meyerhold …… 블라디미르 타틀린 Vladimir Tatlin

아나톨 드 보도 Anatole de Baudot …… 아달베르토 리베라 Adalberto Libera

안토니오 상텔리아 Antoni Sant'Elia …… 알도 로시 Aldo Rossi …… 알렉산데르 베스

ome …… 에로 사리넨 Eero Sarrivan …… 에릭 멘델존 Erich Mendelsohn

오토 엑크만 Otto Eckmann …… 오토 와그너 Otto Wagner

aldo Castagnoli …… 움베르토 보쵸니 Umberto Boccioni …… 워렌 초크 Warren Chalk

윌리엄 리차드 레더비 William Richard Lethaby …… 윌리엄 호라버드 William Holabird

제임스 스털링 James Stering …… 조르죠 그라시 Giorgio Grassi

존 미드 하웰스 John Mead Howells …… 죠셉 팩스톤 Joseph Paxton

bert Ashbee …… 찰스 무어 Charles Moor …… 찰스 프란시스 앤슬

zimir Malevich …… 칼 프리드리히 쉰켈 Karl Friedrich Schinkel …… 커티스 William

토니 가르니에 Tony Garnier …… 토마스 램 Thomas Lamb

nard Fontaine …… 피에르 샤로우 Pierre Chareau …… 피에트 몬드리안 Piet Mondrian

필립 존슨 Philip Johnson …… 한네스 마이야 Hannes Meyer

루스 베를라에 Hendrick Petrus Berlage …… 헨리 러셀 히치콕 Heney-Russell Hitchcock …… 헨리

Guido Frette …… 까를로 스카르파 Carlo Scarpa …… 까를로

단크마어 아들러 Dankmar Adler …… 데니스 크롬톤 Dennis Crompton

ond Hood …… 루돌프 쉰들러 Rudolph M. Schindler …… 리처드 노먼 쇼 Richard Norman Shaw

마리오 키아토네 Mario Chiattone …… 마이크 웹 Mike Webb

iss van der Rohe …… 미하엘 디 크레르트 Michael de Klerk …… 미첼 데 클럭 Michel de Klerk

브루넬리스키 Brunellesch …… 브루노 제비 Br

X. 기능주의 건축

Functionalism

1. 근대건축과 기능주의

1.1 기능주의

근대건축의 정의에 있어서 근대건축의 역사적 전개에는 여러 가지의 뉘앙스와 형태를 가지고 나타났기 때문에 단순히 한가지의 측면만으로 말하기는 불가능하다. 그러나 근대건축에 대하여, 특히 그 사상과 이론에 대하여 언급할 때 기능주의(functionalism)는 매우 중요한 사조라 할 수 있다. 따라서 근대건축의 역사적 전개 속에서 그 계보의 흐름을 통하여 기능주의의 의미와 내용을 구체적으로 살펴볼 필요가 있다.

근대건축에 있어 기능주의는 두 가지 측면으로 나누어 볼 수 있다. 첫 번째는 건축을 생각하는 방법의 이론 또는 철학이라는 『사상으로서의 기능주의』이며, 두 번째는 건축 작품에서 보이는 스타일이라는 측면을 의미하는 『구체적인 기능주의 건축』이다.

기능주의 건축이라 불리는 건축물은 근대건축의 역사적인 전개에 있어서 주로 1920-30년 유럽 여러 나라에서 그리고 1940년대에 미국에서 유행하였던 건축물을 말한다.

그로피우스 설계의 바우하우스교사(1926), 르 꼬르뷔제의 에스프리 누보관(1925)과 빌라 사보이(1931), 미스의 바이센호프 단지의 주택군[67] 등 독일, 프랑스, 네덜란드, 오스트리아 등의 건축가가 선두에 있었다. 영국과 북부제국에서는 이보다는 조금 늦은 1930년대에 들어서 기능주의 건축이 보여진다. 베르톨드 루베트긴(Berthold Lubetkin)과 텍톤(Tecton)의 설계인 런던의 하이포인트 아파트(High

67) 이곳에는 네덜란드의 아우트 등 유럽각국의 전위적 건축가들이 참가하였다

68) 국제주의 양식 : 1922년 이후의 건축(The International Style : Architecture Since 1922)을 통하여

Point Flat, 1935), 알바 알토의 파이미오(Paimio)의 사나토리움(Sanatorium, 1933), 비퓨리(Viipuri) 공공도서관(1935) 등이 있다. 미국에서는 1920년대에는 프랭크 로이드 라이트의 작품을 별도로 친다면, 근대건축이라고 확실히 의식되는 형태의 건축은 없었으며, 또한 라이트는 기능주의 건축에 반대를 표명하고 있었다. 결국 1920년대의 미국에는 기능주의란 없었다고 해도 좋을 것이다.

그러나 1930년경부터는 평론가 헨리 러셀 히치콕(Henry Russell Hitchcoc), 필립 존슨의 노력에 의해 유럽의 근대건축 운동이 적극적으로 소개가 되었으며,[68] 이것은 미국에 있어서 기능주의 건축이 유행하게 된 계기가 되었다. 동시에 미국 내에서는 아직은 무명의 건축가들이었지만 그들의 근대건축을 지지하고 있는 건축이 높은 평가를 받게 되었다. 레스케이즈(Lescaze), 호우(Howe), 유럽에서 온 리차드 노이트라(Richard Neutra)와 쉰들러(Schindler) 등의 작품이 주목되었다. 더욱이 마침 독일에서는 나치가 정권을 장악함으로서 그로피우스, 마르셀 브로이어(Marcel Breuer), 미스, 멘델존 등이 고국을 떠나 미국으로 망명하게 된 것은 미국의 기능주의 발달에 커다란 계기가 되었으며, 이후 1940년대에 걸쳐서 미국은 근대건축의 메카가 되었다. 특히 제2차 세계대전을 포함한 전후의 공업력 생산은 이를 사회적으로도 뒷받침해 주었다.

그림190 베르톨드 루베트킨(Berthold Lubetkin)과 텍톤(Tecton), 하이포인트 아파트(High Point Flat), 1935

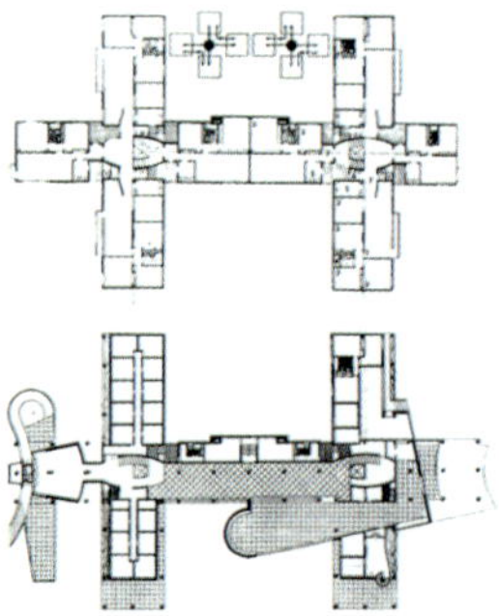

그림191 하이포인트 아파트(High Point Flat) 평면도, 1935

69) 바우하우스 총서 중

1920-40년에 걸쳐 유럽과 미국 등의 제국에서 주류적 경향으로서 출현한 근대건축의 스타일을 『기능주의 건축』이라 일컬어진다. 물론 이들 건축의 특징에는 기능주의뿐만 아니라 합리주의(Rationalism), 공업주의(Industrialism), 국제주의(International architecture)등의 의미도 함께 있었다.

이 시대의 근대건축의 여러 특징을 가장 날카로이 의식적으로 나타낸 사람들은 바우하우스 학파의 건축가들 및 CIAM의 건축가들, 즉 르 꼬르뷔제, 그로피우스, 미스, 아우트 등이 있었다.

이들은 각기 자신의 고국의 국경을 넘어선 국제적으로 공통된 연대의식을 느끼

그림192 리차드 노이트라(Richard Neutra), 에드가 카우프만 별장 (Edgar Kaufmann Desert House), 1946

그림193 미스 반 데어 로에 (Mies van der Rohe), 일리노이즈 공과대학의 크라운 홀 (Crown Hall), 1956

그림194 미스 반 데어 로에 (Mies van der Rohe), 시그램 빌딩(Seagram Building), 1958

고 있었다. 예를 들어 그로피우스는 그의 저서[69]에서 유명한 국제건축(Internationale Architektur)의 선언인 "건축은 항상 개인적 민족적이지만 인류라는 커다란 동심원이 모든 것을 포함한다."를 언급하고 있다.

CIAM은 1928년부터 유럽제국의 일세기 근대 건축가들이 집결하여 결성한 것으로 그 시기의 근대건축의 지도이론을 형태화하였으며, 이 영향력은 대단히 국제적이었다. 바우하우스에 있어서도 CIAM에 있어서도 건축의 공업화(industrialization)는 중심적인 것으로서, CIAM의 1929년의 회의주제는 『생활 최소한 주택』으로 주택의 규격화·표준화를 통한 건축생산의 공업화에 대하여 열서적인 토의가 있었다. 이러한 문제의식 가운데에는 합리주의의 생각이 강하게 작용하기도 하였다.

더욱이 간과할 수 없는 것으로 순미학적·순시각적 이면에 있어 동시대의 전위적인 근대회화, 특히 큐비즘(Cubism)으로부터의 충격이다. 입방체, 직각, 평면 등의 교차를 중심으로 하는 큐비즘과 퓨리즘(Purism)의 예술가들이 찾아낸 새로운 미의식과 새로운 시각언어는 근대 건축가들에 강한 영향을 끼쳤다.

이처럼 1920-40년대의 근대건축은 기능주의, 공업주의, 합리주의, 국제주의, 또한 큐비즘적 미의식 등 여러 특징을 갖고 있었다. 따라서 근대건축을 단순히 『기능주의 건축』이라 부르는 것은 이러한 여러 특징 중에서 가장 강한 성격만을 명명한 것임을 인지해야만 한다. 그렇지 않다면 이제까지 열거한 그 시대의 근대건축의 여러 특징들 모두가 기능주의 속으로 귀속되어버리는 오류가 범해지기 때문이다. 이는 기능주의의 부당한 확대이며, 반대로 근대건축의 본질을 왜곡하는 것이다.

이러한 이해는 『구체적인 건축 작품 혹은 스타일』로서의 기능주의 건축 뿐만 아니라, 동시에 『사상으로서의 기능주의』를 인식해야 한다는 점을 보여주며, 이러한 의미에서 기능주의의 발생은 1920년 보다 훨씬 역사가 깊으며, 역사 속으로 깊이 거슬러 올라간다.

1.2 유럽의 기능주의

기능주의라는 단어가 포함하고 있는 의미 및 내용은 여러 범위를 갖고 있다. 아주 좁은 의미로서는 기능에 따라 만들어가면 자동적으로 아름다운 형태가 될 수 있다는 『기능결정론』이라 할 수 있다. 그러나 넓은 의미에서 볼 때, 기능으로부터의 결정이라고 말하는 것보다는 '기능(fuction)과 형태(form)사이에는 깊은 관련이 있다'라는 것과 같이 기능을 중시하는 생각이 모든 것을 포함하는 것이다. 따라서 『기능주의적』 보다는 『기능적이다』라는 의미가 올바른 인식이라 할 수 있다.

기능 결정론적 기능주의에 대해서 그 『결정론』은 지나치게 제한적임을 의미함에 따라 건축설계 프로세스에서는 거의 비현실적인 것으로 간주되면서 여러 가지의 오해를 포함한 채 받아들여 보급되었다. 이러한 이유에 기인해서인지 1920-40년대 『기능주의 건축』시대의 지도자인 그로피우스조차도 자신은 결코 『소위 기능주의자』가 아니라고 변명하였다.

그러나 넓은 의미에 대하여 말하자면, 기능과 형태와의 문제에 있어서 건축의 기능을 중시하는 면에는 라이트도 당연히 포함된다. 그러나 라이트 자신은 1920-40년대 『기능주의건축』에 대하여 맹렬히 반대하며 유기적 건축(organic architecture)을 제창하였다. 이와 같이 자신이 기능주의의 밖에 있다고 선언한 라이트까지도 포함해 버릴 정도로 그 의미의 범위는 대단히 포괄적이다.

70) 『현대의 건축(Die Baukunst Unserer Zeit, 1985)』 중에서
71) 일반적인 건축사조의 분류에 있어서는 합리주의 건축의 계보이기도 하다.

이처럼 넓은 의미와 좁은 의미와의 양극단을 서로 견주어 보면서 기능주의 사상의 계보를 더듬어가자면, 몇 가지의 원류를 찾아낼 수 있다.

첫째는 라이트와 설리반의 계열에 있는 호라티오 그리노우(Horatio Greenogh)이다. 그리고 그로피우스 등의 독일계의 정통파적 건축론의 원류는 오토 와그너를 거쳐 고트프리트 젬퍼(Gottfried Semper), 쉥켈까지 이른다. 그리고 르 꼬르뷔제의 순수파적인 경향의 선구자인 프랑스 혁명기의 건축가 끌로드 니꼴라 르도(Claude Nicolas Ledoux)가 있다. 더욱이 영국의 건축사상가 러스킨도 물론 무시할 수 없으며, 프랑스의 고딕건축사가 비올레 르 뒥의 작품도 중요하다. 이처럼 그 원류를 거슬러 올라가다보면 이는 단순히 기능주의의 계보라기보다는 오히려 근대건축 전체의 원류가 된다.

유럽에서 기능주의적 사고를 가장 먼저 또한 명확한 형태로서 나타낼 수 있는 건축가를 말하자면 빈 분리파의 이론적 지도자인 오토 와그너(Otto Wagner)이다. 『예술의 유일한 지배자는 필요하다.』[70)]라는 와그너의 사상은 건축가 고트프리트 젬퍼(Gottfried Semper), 쉥켈의 건축론을 가지면서 이루어졌다. 이들의 기능주의적 사고[71)]는 멀리 18세기의 유럽을 풍자한 계몽사상에 그 원천을 가지고 있다.

이러한 점에서 프랑스 혁명기에 생긴 이색의 건축가 끌로드 니꼴라 르도(Claude Nicolas Ledoux) 등도 선구자의 의의를 지니고 있다. 그중에서 니꼴라 르도의 경우는 근대건축의 중요한 일면인 순수주의적, 기하학적, 입체주의적인 조형에 관련을 갖는 기능주의의 계보로 보아야 할 것이다.

그림195 끌로드 니꼴라 르도
(Claude Nicolas Ledoux),
루강 위 수문을 가진 집[72)]

72) 『l'Architecture considerée sous le rapport de l'art. des moeurs et de la législation, 1804』에서

유럽제국의 산업혁명에 의한 공업의 발전, 사회의 변혁 폭이 컸던 현상이 기능주의의 발전에 있어서 저수지의 효과를 갖고 있었음은 부인할 수 없다.

앞서 언급한 바와 같이 『구체적인 조형으로서의 기능주의 건축』은 생물 진화론적 기능주의가 공업주의, 합리주의, 입체파 등으로 복잡한 융합반응을 일으킴에 의해 변질하면서, 독자의 성격을 형성하여 감으로서, 1920-40대에 꽃을 피웠다고 보아야 할 것이다. 따라서 기능주의건축인 근대건축이 『기능주의』의 모든 것이 아니라는 점이다. 예를 들어 19세기말부터 20세기 초반에 나타난 반 데 벨데 등의 곡면과 곡선을 위주로 한 건축은 일반적으로 아르누보파로 생각하고 있지만, 넓은 의미에서의 『기능주의』속으로 넣는다하여도 결코 그렇게 틀린 것은 아니다. 마찬가지로 표현파에서 보이는 곡면적인 한스 샤로운(Hans Scharown)의 건축도 공업주의 기능주의는 아니지만 역시 일종의 기능주의로 볼 수 있다.

1.3 미국의 기능주의

기능의 의미의 발견과 그 전개의 계보에 있어서 가장 직선적인 선은 아이러니컬하지만 『기능주의 건축』의 반대자인 라이트, 그리고 설리반을 통과하여 그리노우로 가는 선일 것이다.

호라티오 그리노우(Horatio Greenogh, 1805-1851)는 미국태생의 조각가이며, 건축가는 아니었다. 그러나 그의 독창적인 업적은 미학사상이며, 이는 기능주의의 원류가 되었다. 그리노우는 조각가이면서 해부학의 연구자이기도 하였다. 이러한 점은 그가 당시 사상계에 있어서 중대한 영향을 갖고 있었던 라마르크(Lamarck), 다윈(Darwin)의 생물진화론에 대하여 친근해져 있었다는 점을 보여준다. 그리노우의

73) 루이스 멈포드(Lewis Mumford, 1895-1988): 도시의 예술성, 건축의 사회적 측면을 강조하는 논평으로 세계적 주목을 받은 미국학자.

사상은 확실히 생물에 있어서 형태와 각부의 기능 간의 깊은 상관에 대한 지식으로부터 계시를 받은 것이다. 그는 "백마도 독수리도 사자도 개도 각각의 성격은 다르지만 아름답다. 그곳에는 전체에 대한 부분의 종속이 존재하며 적응성이 있다."라고 하였으며 "자연계에는 기능으로의 망설임이 없는 형태(form)의 적응성의 원리가 있다."라고 하였다.

그리고 건축에 있어서 그리노우는 "만약 우리들이 건물의 건전한 근본법칙에 도달하려 한다면, 동물계에 있어서 구조의 발전은 주목할 가치가 있다." 그리고 "신의 세계는 모든 기능에의 확실한 공식을 지니고 있다. 우리들이 형태(shape)를 채용하여 구하려 한다하여도 헛될 것이다. 우리는 형태를 만들어내지 않으면 안 된다. 그것은 근본원리를 이해해야만 얻어질 수 있다."라고 하며 당시의 건축계를 지배하고 있었던 역사적 장식양식의 절충주의적 적용을 비판하였다. 그는 "미국은 건축의 새로운 스타일을 만들어내야만 한다."고 생각하였으며 이러한 생각은 후에 설리반에 의해 계승되어 발전되어졌다.

그리노우의 생각에는 다분히 신비적 형이상학적인 면이 있으며, 후에 보이는 바와 같이 즉물적인 기능주의와는 대단히 다른 면을 보이고 있다. 그러나 루이스 멈포드(Lewis Mumford)[73]는 이러한 그를 '기능주의의 상징적인 암시와 실제적 응용의 양자를 이해한 최초의 한사람'이라 말하면서 근대건축의 사상적 중추적인 선구자로 인정하였다.

루이스 헨리 설리반(Louis Henry Sullivan, 1856-1924)은 미국 근대건축의 개척자로서 매우 또한 다난한 생애를 보냈는데, 이곳에서 중요한 점은 그에 있어서 세계에 가장 일찍이 확립된 기능주의 건축사상의 점이다. 설리반은 어렸을 때부터 자연, 동식물에 흥미를 가졌으며, 기능과 구조의 깊은 관계를 통찰하였다. MIT공과대학의 건축과를 졸업한 후 시카고로 간 그는 그곳에서 에델만(J. Edelmann)의 이론을 듣고, 물건의 배후에 가로놓여있는 비밀에서 실마리를 보았다. 설리반은 이 단순한 단어에서 폭발적인 쇼크를 받아 새롭고 무한의 아이디어를 얻을 수 있다고 생각하였다. 그 후 많은 건축창작의 경험과 숙고를 통하여 설리번은 『형태는 기능에 따른다(Form follows function)』라는 기능주의의 중심적 명제를 인도해 내었다. 이 명제는 간단히 생각하면 앞서 언급한 바와 같이 기능결정론처럼 보이지만, 그렇게 인식하는 것은 위험하다. 형태가 기능에 따른다는 점은 확실하지만 그렇다고 건축을 만들 때 기능만을 추구해가면 자동적으로 형태가 결정되어진다는 것을 의미하는 것은 아니다. 그곳에는 거의 무한의 선택가능성을 전제로 하는 것으로서 직관적 작업, 즉 창조의 모멘트가 작용되어야 할 것이기 때문이다.

설리반의 기능주의 사상은 조금씩 변용하면서 제자인 프랭크 로이드 라이트(Frank Lloyd Wright)에 계승된다. 라이트는 "형태가 기능에 따른다는 것은 단순히 사실에 대한 설명에 불과하다. 형태와 기능이 하나(Form and function are one)일 때만 이 단순한 사실을 창조적 사고의 영역으로서 생각할 수 있다. 이 두 가지에서 보이는 차이가 유기적 작품과 기능주의 작품사이의 진정한 차이이다"라 주장하면서 그의 『유기적 건축(organic architecture)』을 제창하였다. 라이트의 이러한 사상 속에는 어떠한 형태로 기능주의가 깊이 숨 쉬고 있는 점은 부인할 수 없으며, 이러한 점에서 그의 사상을 『유기적 기능주의(organic functionalism)』라는 단어가 적합하다.

라이트의 사상과 작품, 특히 초기의 작품은 유럽 근대 건축가들에게도 충격을 주었으며, 유럽의 1920-40년대 기능주의 건축의 형성에 강한 영향을 끼쳤다.

2. 근대건축의 거장

2.1 거장 건축의 정신

어떠한 문화사를 펴보아도 거장(巨匠)의 이름을 붙일 수 있는 예술가는 그다지 많지 않다. 또한 함부로 거장이라는 이름의 관을 씌워줄 수도 없다. 특히 근대건축 기술발전의 결과로 문화권이 거의 세계적인 규모로까지 확대 된 오늘날, 근대건축은 뛰어난 근대건축가군 가운데 빼놓을 수 없으며, 작품의 규모면에서나, 활동반경의 범위에서나, 또한 그 영향력에서나, 진정한 거장의 이름을 부여할 수 있는 건축가를 꼽는다면, 프랭크 로이드 라이트(Frank Lloyd Wright), 르 꼬르뷔제(Le Corbusier), 미스 반 데어 로에(Mies van der Rohe)라 할 수 있다.

건축가로서는 흔치않게 과묵하면서 항상 기술자적인 자세를 버리지 않았으며, 일관된 작품을 줄곧 보여준 미스는 늦게 세상에 알려졌다는 이유로 그 진가가 아직 충분히 이해되지 못한 점도 있다. 라이트와 르 꼬르뷔제는 동시대에 살고 있는 우리들에 있어서는 너무나도 가까이 있는 듯하여 거장이라는 이름이 어울리지 않는 듯하지만, 후세 역사가의 눈으로 본다면 아마도 피디아스나 미켈란젤로에 나란히 설수 있는 거장이라는 점에는 의심의 여지가 없다.

그러면 거장이란 과연 무엇일까라는 의문이 생길 수 있다. 단순히 건축물의 유효성과 구조적 가치만을 고려하고 있는 한 건축은 결코 예술이라고 주장할 수 없으며, 또한 건축가의 이름은 영원히 기억되지 못할 것이다. 왜냐하면 어떠한 인간이라도 배를 만든다던지, 집을 만드는 정도는 언제든지 쉽게 배울 수 있는 것으로 누구

그림196 미스 반 데어 로에(Mies van der Rohe, 1886-1969)

그림197 르 꼬르뷔제(Le Corbusier), 국회의사당(Parliament), 1963

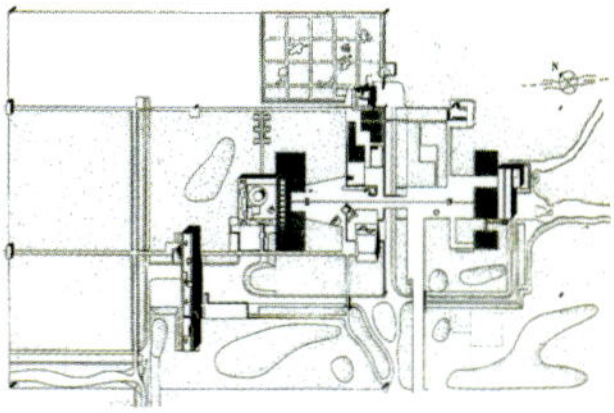

그림198 국회의사당(Parliament) 평면

에게라도 배울 수 있는 것을 한다는 것은 영원성을 부여할 수 있는 어떠한 것도 존재하지 않는 것이다. 건축가가 역사의 이름을 남기기 위해서는 우선은 자질이 필요하지만, 그것만으로는 거장의 조건으로는 결코 충분하지 않다. 다룸슈타트의 세제션의 빛나는 천재인 올브리히는 라이트보다 2살 위이지만 요절하면서 커다란 위업을 달성하지 못하였기에 거장의 이름을 붙이기에는 적당하지 않다. 이러한 면에서 거장이기 위해서는 천부의 수명과 함께 어느 정도 건축적 이상의 장기적인 추구와 실현을 필요로 한다.

이러한 측면에서 언급된 3인의 거장들은 오랜 세월을 통하여 발표한 작품은 항상 어떠한 수준에서 벗어나고 있었으며, 또한 그 질에 있어서도 해가 지남에 따라 점차로 원숙미와 완성도를 더해 주옥같은 작품으로서의 승화해 갔다. 예로써 르 꼬르뷔제의 샹디가르(Chandigarh)와 롱샹교회, 미스의 레크 쇼아 드라이브의 고층아파트(Lake Shore Drive Apartments), 그리고 라이트의 후기의 소박한 작품이 질적으로 높게 평가된다는 것이다.

거장의 조건으로서 생각되는 또 하나의 요인으로는 독창력과 영향력이 있다. 거

그림199 미스 반 데어 로에 (Mies van der Rohe), 레이크 쇼어 드라이브 아파트 (Lake Shore Drive Apartments), 1951

장이란, 현대건축을 독자의 힘으로 움직여가는 풍부한 물질적 및 정신적인 활력을 지니고 있다고 생각되는데, 이러한 활력은 바로 형식과 수법을 모방한다던지 표절한다든지 해서는 생기지 않는다. 이러한 의미에서 『거장은 표절하지 않는다.』가 우선시 되어야 할 것이다.

그러나 위대한 예술가가 항상 그러하듯이, 거장도 사람에 따라서는 주위의 여러가지 형태로 부터의 영향에 대단히 민감한 사람이 있다. 미스는 예외였지만 라이트와 르 꼬르뷔제는 이러한 경향을 가지고 있었으며, 이러한 점이 그들의 작품을 끊임없이 동요시켜 변용시키는 원인이 되었다. 그러나 이러한 영향은 결코 표절을 의미하는 것은 아니다. 브루노 제비(Bruno Zevi)에 의하면, 자발적인 창조력의 독자성을 강하게 주장한 라이트에 있어서 『영향』과 『표절』과는 시노니즘(Synonyms)였지만 사실 그는 주위의 여러 조형의 세계에 대하여 민감하였으며, 또한 끊임없는 영향과 자극을 받아서 창조의 식량으로서 훌륭히 소화하였다. 그가 사랑하였던 스승인 루이스 설리반은 물론이거니와, 일본예술, 아르누보, 큐비즘, 데 스틸 등을 그는 자신의 창조를 위하여 수용하였다.

이러한 의미에서 '거장은 표절하지 않으며, 단지 영향을 받을 뿐이다'라고 해야 할 것이다. 제비도 라이트에 대하여 결코 고독한 천재라고는 하지 않았으며, 르 꼬

그림200 프랭크 로이드 라이트 (Frank Lloyd Wright), 구겐하임 박물관 (Guggenheim Museum), 1959

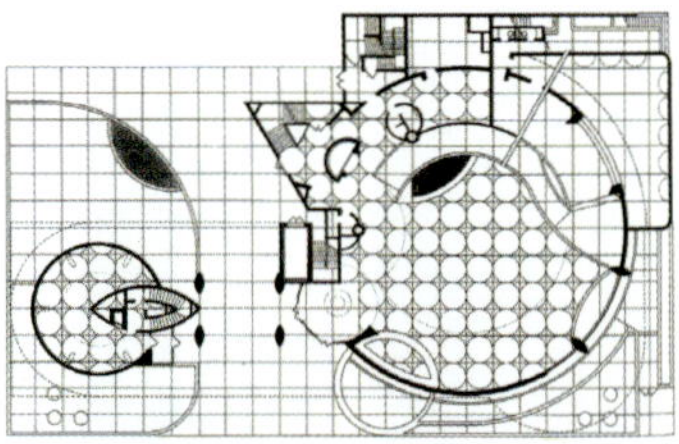

그림201 구겐하임 박물관 (Guggenheim Museum) 평면

74) 라이트와 같은 세대에 속하는 건축가로서는 피터 베렌스(Peter Behrens, 1868-1940), 찰스 레니 매킨토시(Charles Rennie Mackintosh, 1868-1928), 조셉 마리아 올브리히(Joseph Maria Olbrich, 1867-1908), 토니 가르니에(Tony Garnier, 1869-1948) 등이 대표적이다.

75) S. Giedion

76) B. Zevi

르뷔제의 국제양식이 유명해 질 때 라이트가 르 꼬르뷔제에 대하여 "그가 무엇이라 하여도, 유럽근대건축의 영향은 라이트 만년의 건물에서 보이는 단순한 표현 속에 나타나 있다"라고 한 칭찬 속에 이러한 것이 표현되어 있다.

이처럼 여러 가지의 영향을 받은 라이트 작품에서 보이는 주요한 것은 호이트만의 시 『초엽』에 나타나는, 서부 프론티어 정신으로 배양된 시카고파의 건축적 정신일 것이다. 이에 반해 르 꼬르뷔제와 미스를 연결시키는 것으로는 그리스, 로마에 기원을 둔 유럽의 고전주의적 정신이다. 르 꼬르뷔제는 페레의 작품 등에 현저히 나타나는 프랑스 고전주의 정신에, 미스는 쉥켈과 크렌체를 정점으로 하는 독일 고전주의의 정신에 연결된다. 여기서 라이트와 그 외 두 사람을 긋는 하나의 선이 존재하는데 이것은 유럽전통과 아메리카토착의 전통(Vernacular Tradition)과의 대립인 것이다. 라이트가 주장하는 기능주의와 유기적 건축이 표면적으로는 유럽 근대주의의 원리에 통하면서도 무엇인가 이질의 냄새가 나는 것도 이러한 이유 때문이다.

그러나 이러한 양자의 대립은 세대가 바뀜에 따라 한층 심각하게 된다. 르 꼬르뷔제와 미스는 서로 동일세대에 속하며 또한 근대건축의 아버지라 불리는 피터 베렌스의 동문으로 유럽근대주의 운동의 개척자로서 제1선을 걸어온 데 반하여 라이트와 두드러진 대조를 보인다. 라이트는 연령적으로 두 사람과 거의 20년의 차이를 보이며, 세대적으로는 베렌스와 같다.[74] 이러한 의미에서 근대건축의 역사에 있어 라이트는 운동의 개척자로서보다는 오히려 선구자로서의 시조의 계열에 넣어야하는 사람으로 생각된다. 이렇게 라이트와 이외 두 사람의 사이에 걸쳐있는 세대의 단층은 그의 작품에 『19세기후기의 흔적』[75]을 남기는 결과가 되었으며, 이러한 점은 라이트에 있어서 '장식이 언제나 살아있는 문제였다'[76]라는 점에서도 나타난다. 이것은 또한 근대주의의 사이에 넣는 결과를 낳았다. 뉴욕근대미술관에서도 라이트를 결코 근대주의의건축가로서 취급하고 있지 않으며, 라이트 자신도 근대주의 건축에 대하여 강한 반발을 보여 온 점은 라이트와 르 꼬르뷔제와의 자주 전개되었던 논쟁에서도 잘 나타나있다. 나중에 이러한 대립은 부드러워지지만, 라이트가 본질적으로 근대주의에 동조하지 못하는 무엇인가를 갖고 있었다는 사실은 줄곧 변하지 않았다. 다른 측면에서 본다면, 라이트가 근대주의의 조형원리인 큐비즘을 시작으로 하는 일연의 근대조형예술을 감각적으로 이해하지 못하였다는 점을 의미할지도 모른다. 라이트의 작품이 갖고 있는 일종의 독특한 냄새와 강인한 고집, 근본이 되는 원천이 여기에 있다. 사실 큐비즘이 아직은 근대건축이 확실히 영향을 끼치지 못하였던 1910년경 라이트는 이미 대(大)건축가로서 유럽건축에 커다란 영향을 끼쳤다. 네덜란드의 J. J. P. 오우트(Out) 등도 처음에는 라이트의 영향 하에 있다가 큐비즘의 영향으로 변하여가는 것이 작품에서도 확실히 나타난다.

2.2 두 가지 흐름

이들 3인 모두가 건축적 공간의 표현을 추구해온 점은 변함이 없지만, 미스가 거의 시종일관하여 초기의 구성주의적인 『기계양식』의 선을 허물지 않았음에 반하여, 다른 두 사람은 시대와 함께 여러 가지의 자극과 영향에 의해 변전을 중복하여온 『변모의 거장』이라 하겠다. 건축의 표현수법의 면에서는 적어도 초기에는 언급한 바와 같이 예리한 대립을 보여주었다. 르 꼬르뷔제 초기의 건축적 방향은 1921년의 빌라 사보이(Villa Savoye)에서 보여주는 바와 같이 가는 필로티에 의해 가볍게 지지하는 우주에 떠있는 듯 한 직선과 직각을 기조로 한 상자를 만드는 것에 반하여, 라이트는 매스를 대지에 뿌리를 내린 것처럼 보이는 묵직하고 중량감 있는 건축을 목표로 하였다.

르 꼬르뷔제가 화가로서 큐비즘의 선에서 F. 레제의 영향이라든지, 추상조각의 영향을 거쳐, 점차로 비합리적인 표현, 다이내믹한 선을 강하게 사용하게 되었다. 그리고 마르세이유(Marseilles)의 유니테 아비따시옹(Unite d'Habitation) 아파트를 축으로 공간적 표현에 혁신적인 변화를 추구하였다. 그 후 결국에는 노트르담 듀오 예배당(Notre-Dame-du-Haut)과 같은 왜곡형과 거친 텍스츄어에 의한 조소적 표현에 도달한 게 되었다. 또한 라이트도 아메리카에 있어서 근대주의건축의 발전에 대응하여, 점차로 초기의 육중한 조형에서 탈피하여, 건물이 토지에서 분리되는 경향을 보여주기 시작함과 동시에, 이전보다는 조형적이기는 하지만 보다 공간적인 표현에의 접근을 보여주기 시작한다.

이에 반하여, 미스가 시종일관 추구해온 공간은 『유니버설 스페이스(Universal Space)』로서 이는 라이트와 르 꼬르뷔제가 한결같이 추구하였던 기능들이 평면계획에 있어 반영되면서 생겨나는 것이라는 것과는 차이가 있다. 미스는 "기능에 플랜을 지정시키지 않는다. 그 대신에 우리들은 어떠한 기능이라도 채울 수 있는 공간을 만들어야 한다."고 주장하면서, 단순히 천장과 바닥으로 둘러싸여 기둥으로부터 해방된 공기의 용적이 모든 기능에 대하여서도 전용할 수 있는 공간을 추구하였다. 이러한 유니버설적인 건물은 특정의 목적을 갖는 건물보다도 아름답게 보일뿐 아니라, 기능이 형태에 따르는 점이 형식주의라고 한다면 미스의 경우는 형식주의적 경향이 강한 작가라 할 수 있으며, 이는 자유로운 평면을 주장해온 두 사람의 『기능주의적』인 경향과는 명확한 선을 그을 수 있을 것이다.

이곳에서 『기능주의적』이라는 것은 결코 문자 그대로 그대로의 기능 제일주의라는 의미가 아니라는 점에 주의해야 한다. 『기능주의적』이란 결코 기능적으로 훌륭한 건물을 만드는 것을 의미하지 않는다. 오히려 그 반대의 경향을 보이는 것도 있다. 그러나 기능주의적 건물을 추구해 온 르 꼬르뷔제와 라이트의 계획은 미스의 계획에 비하여 현실적으로 문제점들이 있었다. 라이트는 자신이 설계한 주택이 빗물이 새어 불평을 들었을 때 실내에서 우산을 쓰면 되지 않느냐고 대답한 일화가 있다. 그의 작품은 설계의 효용적인 측면에서 여러 가지 결함을 보여주고 있으며, 이는 조형성의 과도한 추구 때문에 일어나는 문제일 것이다. 이에 반하여 미스의 건물에 있어서 유니버설 시스템이 기능적 장애를 거의 불러일으키지 않는 점은 역설적이긴 하지만, 미스가 『반기능주의적』이었기 때문이라 할 수 있다.

이러한 대립관계는 구체적으로 그들이 설계한 미술관의 예를 들어 보면 매우 흥미롭다. 라이트의 구겐하임 미술관과 거의 같은 시기에 완성된 르 꼬르뷔제의 동경서양국립서양미술관도 여러 가지 면에서 기능적 결함이 보이고 있어 커다란 문제가 되었으며, 이러한 점에서 미스의 1942년 포람잡지를 위한 미술관 전시 계획안은 기둥하나 없는 넓은 아노니마스(Anonymous)적인 무한정의 공간으로서 이것이야말로 정말로 "모든 미술관의 꿈을 실현시킨 작품이다"라고 P. 그루크는 말하고 있다.

미스와 두 거장과의 사이의 대립은 그들의 건축어법상의 불변화와 변화라는 점에서도 확실한 대조를 보인다. 기디온도 이러한 대립적인 경향에 주목하여, 이를 괴테형(르 꼬르뷔제)과 데카르트형(미스)라는 기질상의 대립을 설명하고 있는데, 다른 면에서는 르 꼬르뷔제와 미스의 대립은 오히려 피카소형과 몬드리안형과의 대립으로 보는 편이 적절하다고 생각된다. 피카소와 르 꼬르뷔제가 조형정신에 있어 큐비즘에 속하는데 대하여, 미스는 스타일파의 운동과 바우하우스와의 관련 등을 보더라도 북구에서 싹튼 일련의 구성주의적인 조형예술, 네오 플라스틱시즘, 슈프레마티

그림202 르 꼬르뷔제(Le Corbusier),
국립서양미술관(National Museum)
전시관 스케치, 1959

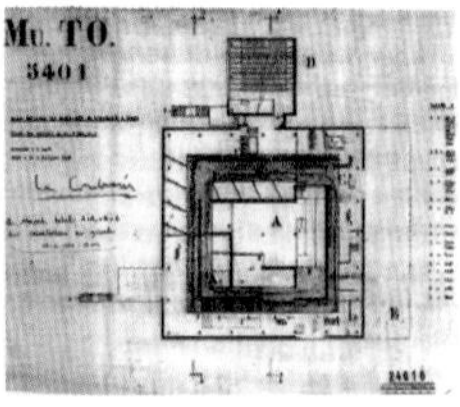

그림203 국립서양미술관(National Museum)
전시관 평면

즘 등과 정신적으로 친화성이 강한 것으로 보이면서 바우하우스 지도자의 한사람으로서 몬드리안과 동일의 유형에 속한다고 생각하기 때문이다.

피카소 작풍이 변화형이라는 점에 대하여 몬드리안의 작풍은 불변화형이다. 큐비즘이 형상적 요소를 끝까지 버리지 않은 점에 대하여, 구성주의의 조형예술은 "하얀 배경위에 경사져 누워있는 정방형군이다"라는 K. 말레비치가 언급한 바와 같이 기하학적 추상의 절대적인 순수성을 추구하기 때문에 그 표현 경향에 변화의 여지가 거의 없었다는 점도 지적된다. 이러한 점은 미스의 예술에 있어 불변성을 의미할 수 있는 것으로서 그가 추상기하학적인 구성을 보다 더 단순하게 그리고 간결하게 잘 갈아서 세련화하려 하였다. 『보다 적은 것은 보다 풍부하다(Less is More)』라는 엄격하고 금욕적인 자세는 그의 작품에 있어서 변전할 수 있는 여지를 주지 않았으며, 다른 두 사람의 작품이 갖는 강렬한 개성과 예리하게 대립하는 비개성적이며 아노니마스적인 성격을 나타내게 된다. 현대 근대주의의 건축에 있어서 주요한 두 가지의 조류, 미스를 정점으로 하는 바우하우스계와 르 꼬르뷔제를 주축으로 하는 에스프리누보계가 있다는 점은 20세기 후반에 있어서도 거장들의 근대건축에 대한 위대한 개척자적이고 지도자적 역할이 점점 증대하여 갔음을 알 수 있다. 지금도 양자의 거대한 인간상은 그대로 합리주의적인 새로운 아메리카문명과 비합리적이며 역사 깊은 유럽문화와의 대립으로서 보이고 있다고 할 수 있다.

XI. 스카이스크레퍼

Skyscraper

1. 미국의 마천루 건축

1.1 엘리베이터

엘리베이터란 불가사의한 기계이다. 기원전 1세기 로마의 건축가인 비트루비우스(Vitruvius)의 『건축론』에 의하면, 엘리베이터의 원형이라 할 수 있는 승강기는 이미 기원전부터 존재했었다고 한다. 그러나 이러한 고대 승강기의 동력은 인력이었거나 축력 혹은 수력이었을 것이다.

19세기에 들어서부터 엘리베이터는 실용적으로 건물에 사용되기 시작하였다. 엘리베이터는 기계장치의 발명이기는 하지만 다른 기계와는 달리 생산기능을 지닌 엘리베이터를 제외시키면 대부분이 인간을 위한 서비스 기능의 성격을 가지고 있다.

엘리베이터의 출현은 인간의 생활공간을 크게 변화시켜 그 당시까지는 10m정도의 인간생활 장소의 높이가 일거에 100m을 넘게 확대되어갔다. 현대문명이란 기계력에 의해 지배된다고 하는데 엘리베이터가 이를 잘 표현해 주고 있다고 할 수 있다. 이러한 엘리베이터는 무언의 서비스 기계로서 인간에 즐거움을 줌과 동시에 건축공간 구성에도 커다란 변화를 가져왔다.

현재의 엘리베이터의 모습을 만들어낸 사람은 에라이샤 그레이브 오티스(Elisha Grave Otis)로서 그의 생애는 곧 엘리베이터의 발전을 위한 역사라 할 수 있다. 그는 미국의 하리파크스에서 태어나 19세 때부터 건설업, 마차제조회사, 침대제조회사 등에서 기술을 익힌 기술자의 한사람이었다. 그다지 건강치 못하였던 그는 몇번의 투병 끝에 침대회사의 새로운 공장건설을 담당하는 기회를 잡는다. 그곳에서

그림204 에라이샤 그레이브 오티스(Elisha Grave Otis, 1811-1861)

그때까지 사용되었던 스팀엔진을 이용하여 로프로 잡아당겨 움직이는 물품승강기를 오티스는 로프가 끊어지는 것을 대비하여 상자의 양측에 갈고랑이를 내어 가드레일의 이빨에 파고 들어가 자동적으로 낙하를 방지하는 장치를 고안하였다. 이때가 1852년이었으며 엘리베이터의 특허가 인정되는 때는 1861년 1월15일이었으나, 그는 그해 4월8일에 세상을 뜨고 만다. 사업으로서 엘리베이터의 제조를 계승한 사람은 그의 두 아들인 챨스와 노튼형제였다.

오티스의 엘리베이터의 발명으로 그때를 즈음하여 건물자체에 있어서도 고층화 기술의 발전과 함께 엘리베이터는 커다란 무기로서 큰 힘을 발휘하게 되며, 또한 장래성 있는 사업으로 주목받게 되었다. 오티스의 엘리베이터는 1853년 뉴욕의 크리스털 팔래스 박람회(Crystal Palace Exposition)에서 최초로 시범운전을 선보이게 된다. 이후 엘리베이터는 비약적으로 발전을 보게 된다. 1880년대에 베르나 폰 지멘스에 의해 전력식으로 발전하게 되며, 이 엘리베이터가 1889년에 뉴욕의 빌딩에 사용되어 실용화되었다. 1890년대에 엘리베이터의 자동화 시대가 열리면서 1892년에는 버튼조작에 의한 엘리베이터가 출현하며, 1894년에는 운전하기 간편하게 설계된 주택용 엘리베이터가 만들어진다. 현재의 모습인 완전한 오토매틱의 엘리베이터가 출현하는 때는 1949년의 일이다. 또한 1895년에는 에스컬레이터(Escalator)가 발명되어 건물의 지상이나 지하로 자유로이 확산시킬 수 있는 중요한 역할을 하게 된다.

1.2 마천루 건축

엘리베이터의 출현으로 건축물은 단숨에 고층화가 이루어졌다. E. 프라그의 설계에 의해 뉴욕에 세워진 시카고 미싱빌딩은 1906년부터 8년에 걸쳐 건설된 187m의

그림205 케스 길버트(Cass Gilbert, 1859-1934)

77) 강병근 역, 1900년 이후의 현대 건축, 화영사, 2000, p.227

빌딩이었으며, 1917년에는 마천루, 또는 스카이스크레퍼(Skyscraper)라는 이름의 54층 규모에 높이가 241미터에 달하는 울워스 빌딩(WoolWorth Building)이 케스 길버트(Cass Gilbert, 1859-1934)에 의해 계획된다. 건물은 뉴욕 지구법에 의해 29층까지 두 단계로 셋백(set-back)되어 있다. 영국 고딕말기의 양식 단계가 수직적인 피어, 샤프트, 브라켓으로 변형되었으며, 이것들은 뒤로 물러나면서 올라가는 수직적 샤프트를 분절하는데 사용되었다. 이것은 또 다른 양식적 기반에서 고층 건물의 거대함을 해체하고, 도시의 위엄성과 인간적 스케일을 제공하는 시도였다.[77)]

1922년의 시카고 트리뷴(Chicago Tribune) 국제 설계 경기는 미국의 고층 건축에 있어 커다란 의의를 가지고 있다. 여기에는 총 300여점에 가까운 작품들이 응모하였으며, 출품작들에서 보여지듯이 당시의 건축에 있어 어떠한 지배적인 경향이 부재되어 있음을 알 수 있다. 참가작들은 고전주의에서 절충주의 그리고 근대주의에 이르기까지 다양하였다. 발터 그로피우스(Walter Gropius)의 작품은 전체적으로 절제된 입방체에 의한 분절과 그들 상호간에 보이는 긴장감을 보여주고 있다. 그리고 다양한 깊이를 가지면서 계획된 테라스는 입면에 있어 리듬감을 살리고 있으며, 내부는 넓은 창에 의해 고른 채광성을 가지고 있다. 이러한 디자인은 초기 시카고 학파의 경향을 보여주는 것으로서 반 되스부르크(Van Doesburg), 모홀리 나기(Moholy Nagy)와 구성주의에 영향 을 받은 바우하우스에서 나타난 구체화된 수법

그림206 케스 길버트(Cass Gilbert),
울워스 빌딩(WoolWorth Building),
1913

78) Ibid, p.230
79) Ibid, p.230

이다. 그로피우스 계획은 근대 커뮤니케이션 건물의 이상을 찬양하는 기계적 추상으로 인식되어졌으며, 그 경쾌함과 투명성 같은 효과는 순수한 신건축을 증명하고 있었다.[78)]

그러나 당선안은 레이먼드 후드(Raymond Hood)와 존 미드 하웰스(John Mead Howells)의 고딕양식의 작품이었다. 수직성이 강조된 당선안은 샤프트에서 조금씩 후퇴하면서 기계실과 소미술관이 배치된 곳을 뾰족한 왕관처럼 보이게 하였으며, 피어들은 높은 중층부와 샤프트를 강조했다. 후드(Hood)의 디자인을 이루고 있는 골조는 석조 밑에 몸을 변장하고 있는 반면에, 수직방향의 힘의 흐름은 파사드의 고딕피어들에 의해 성공적으로 분절되었다. 고딕양식을 가지고 있는 건물 이미지는 시카고의 도시 속에 높이 솟아있는 하얀 대성당과도 같은 것이었으며, 이러한 것은 적당한 향수와 약간은 낭만적인 분위기를 훌륭히 소화하고 있었다.[79)]

이후, 윌리엄 반 알렌(William van Allen)은 1930년에 세계에서 가장 높은 건물인 크라이슬라빌딩(Chrysler Building)을 설계하였다. 밝은 은회색의 외장에 259m의 높이의 이 건물은 미국 자본주의의 전당과 같은 것으로 형태적인 면에 있어서 마천루 디자인의 정수를 보여주고 있다. 20층으로 된 기단부 위에는 170m의 샤프트가 서있으며, 정상부로 갈수록 점점 안쪽으로 들어가면서 하나의 탑이 되고 있다.

그림207 발터 그로피우스(Walter Gropius), 시카고 트리뷴(Chicago Tribune) 설계경기 참가작, 1922

그림208 레이먼드 후드(Raymond Hood)와 존 미드 하웰스(John Mead Howells), 시카고 트리뷴(Chicago Tribune), 1925

미국에서 고층빌딩의 건설은 1929년의 대공황 이후 거의 이루어지지 않았다. 그러나 리치먼드 슈리브(Richmond Shreve)와 토마스 램(Thomas Lamb), 그리고, 아서 하먼(Arther Harmon)은 1931년에 맨해튼에 크라이슬러를 능가하면서 세계에서 가장 높은 엠파이어 스테이트빌딩(Empire State BLDG.)을 계획하였다. 내부는 여러 가지 기능을 갖춘 완전한 수직 도시로 58기나 되는 엘리베이터가 있으며 높이는 380m에 달하고 있다. 이 외에 맨해튼에는 다른 커다란 계획이 있었는데, 그것은 바로 1940년 레이먼드 후드가 동료들과 계획한 록펠러 센터(Rockefeller Center)이다. 이것은 임대 사무공간, 영화관, 음악홀 그리고 상점들이 있는 선큰가든 등이 함께 있는 복합단지이다.

이와 같이 제2차 세계대전 전에 소위 스카이스크레퍼 시대가 꽃을 피우게 된 것이다. 그러나 1920년대 활발했던 미국의 초고층 빌딩들은 점차 상업화된 도시를 채워가는 수단으로 전락되고 있었으며, 스카이스크레퍼는 높이가 사회의 시각적 상징으로서 의미를 지니는 이미지의 탑(塔)에 머무르면서, 어떠한 고차원적인 연구는 이루어지지 못하였다.

설리반은 이러한 미국의 초고층 건물의 경향에 비판을 하였으며, 제2차 세계대전 이후에 초고층 건물의 경향은 다른 경향으로 흐르기 시작하였다.

그림209 리치먼드 슈리브(Richmond Shreve), 토마스 램(Thomas Lamb), 아서 하먼(Arther Harmon), 엠파이트 스테이트빌딩(Empire State BLDG.), 1931

그림210 레이먼드 후드(Raymond Hood), 록펠러 센터(Rockefeller Center), 1931-1940

2. 오피스 빌딩

제2차 세계대전 후 이전의 초고층 빌딩에서 나타난 과도한 상징성은 추상적인 사각상자로서 바뀌면서 마치 여러 개의 수평층들이 포개어 만들어지는 적층공간형으로 나타나게 되었다.

독일의 건축가 미스 반 데어 로에(Mies Van der Rohe, 1886-1969)는 1921년에 철과 글라스로 이루어진 스카이스크레퍼의 이미지를 제출하였다. 그의 작품 이미지는 곡면의 벽을 지닌 표현주의적인 초고층빌딩으로서 그곳에는 현대사회가 지배하는 모든 공간이 준비되어 있다는 인상을 주고 있다.

이 비전은 평등하게 지배되어 있는 기둥으로 구성된 고층빌딩에 글라스의 외벽을 외측에서 표피와 같이 붙인 것으로[80] 미스는 이 철골의 구조와 글라스의 피막에 의해 모든 오피스의 공간이 공급된다고 생각하였다. 또한 이 공간은 몇 층이라도 올릴 수 있으며 또한 어떠한 대규모의 면적으로도 넓힐 수 있다고 생각하였다. 그리고 이것은 무한히 확대될 수 있는 공간으로서, 그는 이러한 공간을 유니버설 스페이스(Universal Space), 즉 『보편적 공간(普遍的 空間)』이라고 불렀다. 미스에게 있어서의 높이는 이제 『탑(塔)』에서 『적층(積層)된 공간(空間)』으로 그 의미가 전환

그림211 미스 반 데어 로에
(Mies Van der Rohe),
유리타워 계획안
(project for a glass skyscraper),
1921

80) 커튼 월(Curtain wall)이라고 함,

되었다.

실제로 미스가 제창한 보편적 공간은 20세기의 오피스공간을 지배하는 공간으로 되어갔다. 건물의 외피 즉 커튼 월의 의장은 여러 가지의 융통성을 가져오게 하였으며 건물의 배치, 즉 평면계획 또한 여러 가지로 변화 가능하게 하였다. 그러나 그것들은 결국 유니버설 스페이스의 범위 내에서의 변화에 불과하였던 것이다.

제2차 세계대전 후의 세계는 일제히 유니버설 스페이스를 받아들였으며 사회 전체의 구성도 초기의 산업혁명과 같이 공장이나 생산의 현장에 비중을 둔 것에서 자본과 상업 활동으로 그 중심이 옮겨져 갔다. 그리고 사람들의 일의 유형도 데스크워크(Desk-work)를 중심으로 변하여 갔다.

그러나 추상적인 적층공간형의 빌딩은 이전의 스카이스크레퍼라는 표현과는 다른 공간표현을 필요로 하게 된다. 스카이스크레퍼라는 우상을 파괴하는 데에 가장 영향력이 있었던 미스 반 데어 로에는 이전의 우상에 대신 할 수 있는 초고층빌딩에 새로운 표현을 위한 방법을 제시하였다.

『Less is more』라는 그의 말은 근대건축 표현의 핵심이 된다. 철과 글라스로 만들어진 초고층빌딩을 철과 글라스의 건축으로서 표현하기 위해서 그는 최대한의 주의를 기울여 건물의 구조를 눈에 보이도록 하였다. 철골은 화재를 만나게 되면 쉽게 휘어져 버리기 때문에 엄중히 내화피복을 하지 않으면 초고층빌딩에는 사용할 수 없다. 그런데 이러한 피복으로 숨겨져 버리는 것은 철과 글라스의 스카이스크레퍼를 외부에서 볼 때 어떠한 구조인가는 알 수 없게 하였다. 이에 반해 미스는 건물의 외장에 가느다란 강재를 일부러 장식과 같이 사용하여 수직부재의 형태로서 나타내었다. 이것에 의해 숨겨져 버렸던 내화피복속의 철골을 외부에 상징적으로 표현한 것이다.

이는 근대건축이 추상적인 공간을 만들어내게 됨에 따라 건축가는 추상성을 또 다시 눈에 보이는 구체적인 조형으로 표현하지 않으면 안 된다는 것을 의미하는 것으로서 미스는 이러한 건축의 진로를 스스로 정확히 걸어갔던 것이다.

그러나 이러한 흐름은 1970년대부터 서서히 변질하여, 건축가들은 빌딩내부 배치방법과 공간에 대한 생각방법에 눈을 돌리게 되었다.

제2차 세계대전 전의 스카이스크레퍼는 건물의 중심부분에 몇 대의 엘리베이터를 설치하여 그 곳에 화장실, 계단실, 급탕 서비스실을 집중시킨 코어 시스템(Core System)이라 불리는 평면계획에 의해 설계되어 왔다. 그리고 오피스의 집무공간은 이러한 코어의 주위에 설치되며 외부의 광경을 조망할 수 있는 창으로 마감되어 있었다. 이러한 집중식 코어 시스템의 오피스빌딩에 반하여, 코어를 두개로 분리하여 두개의 코어사이의 중간부분을 자유로운 집무공간으로 하려는 더블코어 시스템(Double Core System)이라고 불리는 평면계획이 제창된 것이다. 더블코어 방법은 코어 사이의 공간규모를 코어 간의 거리에 따라 자유로이 변화시킬 수 있으며, 지금

그림212 케빈 록, 존 딘켈루
(Kevin Roche John Dinkeloo & Associates),
포드재단빌딩
(Ford Foundation Building),
1967

81) 원래는 고대 로마의 주택에서 보이는 중정을 지칭함.

까지의 코어 주위에 집무공간을 완전히 둘러싸게 하여 일순시키는 방법보다는 공간의 자유도를 높이는 것이었다.

시대의 흐름은 초고층빌딩 내부공간에서 변화가 일어나게 되면서 내부에 커다란 중정을 설치하는 방향으로 발전해 갔다. 이러한 거대한 중정을 내장하는 타입의 빌딩을 아트리움(Atrium)[81] 건축이라 불린다. 아트리움 건축이란 대형빌딩의 내부에 중정적인 외부 공간을 혼재시킨 것이라 할 수 있다. 아트리움건축의 선구적인 건물로서는 미국 뉴욕의 포드재단빌딩이 있으며, 세계의 동향도 이러한 외부공간을 혼재한 빌딩으로 향하여 갔다.

20세기 후반에 이르러 오피스빌딩의 공간은 외부공간이 혼재된 것으로, 바꾸어 말하면 도시공간을 빌딩의 내부로 연장하는 방향으로 나아가면서 오늘날에는 오피스 빌딩의 내부에 여러 가지의 상업시설들이 혼재되는 유형으로 진행되고 있다.

오피스빌딩은 20세기 초의 유니버설 스페이스의 획득이라는 과제를 달성함과 동시에 빌딩전체를 도시화해 버리는 방향으로 진행되고 있다. 이것은 거대한 오피스 빌딩 속에 있게 되면 거의 모든 도시기능을 수행할 수 있다는 것을 의미하는 것으로 빌딩이 도시화된다는 것은 결국 근대건축이 목표로 하는 방향이라 할 수 있다. 그리고 이러한 경향은 오피스 빌딩이 도시화되는 것을 역으로 말하는『도시의 오피스화』라고 할 수 있다. Architect: Kevin Roche John Dinkeloo & Associates

and Craft Movem
Nationa
Skyscraper
alism
Art Dec
tivism

XII. 포스트 모더니즘

Post-Modernism

1. 포스트모더니즘 시대

1.1 포스트모더니즘

1960년대부터 1980년대에 걸쳐 포스트모더니즘이라는 움직임이 건축에서 뿐만 아니라 모든 장르에서 일반적으로 분출하였다. 이것은 선행하고 있었던 모더니즘의 획일적이고 균질화된 것에 대하여 저항하듯이 여러 가지의 스타일을 동시에 가지고 있다. 하이테크(High Tech), 팝(Pop), 리바이벌이즘(Revivalism), 인용주의, 기호화, 아이러니(Irony), 패러디(Parody), 시뮬레이션이즘(Simulationism) 등이 이러한 포스트모더니즘의 특징을 표방하고 있다.

이러한 포스트모더니즘에 있어서의 표현은 제2차 세계대전이 종식되고 나서 15년이 지난후의 시대를 축복함과 동시에 풍요로운 시대를 맞이하였다. 사람들은 어려운 하나의 양식을 고집할 필요 없이 각자가 자신의 표현을 하면 된다는 사회적인 분위기가 팽배하면서 모더니즘의 획일성에 대항하게 되었다. 그리고 더 나아가 과거양식을 가볍게 생각하며 자유자재로 인용하면서 포스트모더니즘은 사람들 사이에 넓게 침투하게 되었다.

포스트모던을 전개하였던 건축가들의 시대는 전쟁이 끝난 평화의 시기였다고는 하지만 미국과 소련의 양 강대국에 의한 오랜 냉전체제라는 세계적 상황의 시기였

82) 프랑스 대표적인 실존주의 철학자. 1905년 6월 21일 파리에서 출생하여 파리의 명문 에콜 노르말 쉬페리외르에 다녔다. 1933년 베를린으로 1년간 유학, E. 후설과 M. 하이데거를 연구하였다. 주요작품은 『자유의 길(Les Chemins de la libert, 1945-1949)』, 『존재와 무(L'tre et le Nant, 1943)』, 『구토』, 『존재와 무』 등이 있다.

다는 점을 기억해야 한다. 이는 다시 말하면 전후라기보다는 제3차 대전과 같은 전쟁전의 고요함이라고도 할 수 있는 시대로서 전쟁은 전혀 다른 형태로, 즉 핵(核)의 공포로써 되어갔기 때문이다. 이러한 이유로 포스트모던의 시대는 국제적 상황으로는 위기의 시대로서 한편으로는 1945년 핵의 투하로서 종식되는 제2차 세계대전의 주도국인 아메리카에서 이미 진행되고 있었다고 할 수 있다. 핵폭탄의 투하에 의해 대전은 종료되었지만 실상 이것은 종전(終戰)을 의미하는 것이 아니었다.

예를 들어 장폴 샤르트르(Jean Paul Sartre)[82]는 대전후 발표한 『대전의 종말』속에서 다음과 같이 언급하고 있다. "전쟁이 끝났다고는 하지만, 이는 사실상 단지 지금의 전쟁이 끝났다는 의미이다. 미래에 대한 보증은 없다. 결국 우리들은 모든 전쟁이 종말 되었다고는 믿고 있지 않다. 하나의 무기로 10만 명이상의 인간을 살생할 수 있는 작은 폭탄, 내일이면 200만이나 되는 생명을 빼앗아 버릴 수도 있는 작은 폭탄, 이것들이 돌연히 우리들 인간의 책임과 우리들과를 대결시키게 되었다. 다음 기회에는 지구가 파괴될지도 모른다. 이러한 부조리한 결말은 우리들이 아침에 일어나 매번 시대의 종말의 전일에 와있다는 것이 될지도 모른다."

사르트르가 언급한 것처럼, 제2차 세계대전 후는 미국과 소련 양대국에 의해 언제 세계가 파괴될지 모른다는 상황을 만들어냈다. 우리들은 인류 모두가 자멸할 수 있는 무기를 유사 이래 처음으로 손에 넣게 되었으며, 이것에 의해 인간은 『원자폭탄의 감리자』가 되었던 것이다. 앞으로 다가올 날에 대해 일분마다 굳세게 살아가

그림213 장폴 샤르트르(Jean Paul Sartre)

는 것을 승인하며 계속하지 않으면 안 되는 상태, 종래의 아날로그적인 시간의 흐름이 아니라 말하자면 디지털시계의 깜박임과 같이 일초일각에 생존을 확인하여 가는 시대에 살기 시작하게 되었던 것이다.

이러한 상황아래에서는 죽음이란 결코 개인의 문제가 아니며, 『인류전체의 죽음』을 의미한다. 핵에 대한 이러한 공포를 각 개인이 지니며 30여년을 넘어서 살아온 시대가 바로 포스트모더니즘의 시대인 것이다.

샤르트르가 지적한 바와 같이 마치 끊임없는 카운트다운을 계속 반복하는 상황에 있어서는 극단적으로 말하자면 1초 앞의 미래도 예측할 수 없게 된다. 하물며 미래가 온다는 등의 보증은 있을 수 없다는 허무주의(Nihilism)속에서, 당연히 찰나주의도 생겨나게 된다. 또한 미래가 잘 보이지 않는 상태가 계속되면, 사람들은 아무래도 확실한 것, 즉 과거의 사건, 역사의 노스탤지어에로 향하게 된다. 이런 의미에서 말하자면 포스트모던에 가장 확실하게 나타나는 두 가지의 현상, 즉 찰나주의와 복고주의는 이러한 상태에서 발생한 문제였다고 할 수 있다.

또한 반대로 미래를 예측하였다 하더라도 그것은 이미 핵붕괴 후의 종말광경, 폐허로서의 모습일지도 모른다. 이러한 관점에서 폐허의 광경을 묘사하려는 사람들이 나타나게 되며, 또한 이에 대항하여 메시아적인 존재, 구세주의 재래를 작품 속에서 주장하려는 사람들도 나타나게 된다. 또한 보다 과거로의, 원시적이며 소박한 것으로 회귀하려는 사람들, 또는 현실을 부정하고 오로지 로맨스나 만화, 전설이나 동화

83) 대중에게 인기가 있는 건축으로 구두모양을 한 구두상점과 같이 기능을 암시하는 형태의 건축

의 세계, 픽션적인 세계에 몰입하려는 사람들이 나타는 것도 당연한 귀결이라 할 수 있다. 한편, 이러한 종말의 광경은 영상 속에서 여러 번 체험하고 있으며 결국 앞으로 다가올 종국의 세계는 이러한 『시뮬레이션(Simulation)』속에 들어가 있다. 다시 말하자면 이러한 미래를 묘사해 낼 수 있는 것은 이러한 시뮬레이션 속에서 뿐이다. 현실적으로 일어났을 때에는 우리들은 그것을 우리들의 눈으로 확인할 수 없기 때문이다.

이러한 모든 점에 의해 점차적으로 현실이라는 것이 가공으로 되어 버리고, 그 리얼리티가 엷어지면서 실체성 역시 상실되어 갔다. 확실한 것은 과거와 폐허의 시뮬레이션 밖에 없으며 바로 이러한 의식이야말로 확실히 이 30여년의 포스트모던의 시대감각이라 할 수 있다. 이미 언급한 하이테크, 리바이벌이즘, 팝 건축[83], 시뮬레이션이즘, 인용주의, 기호화, 아이러니, 패러디, 허무주의 등은 이러한 시대적 위기의식이 어느 사이에 인간의 가슴속에 들어와 형태를 변화시켜 분출한 현상이라 할 수 있다.

그림214 로버트 벤츄리(Robert Venturi), The Big Duck

1.2 포스트모더니즘과 건축

포스트모더니즘(Post Modernism), 혹은 포스트모던(Post Modern)이라는 단어는 매우 폭넓게 사용되고 있다. 이 단어를 최초로 사용한 사람은 영국에서 활약하고 있는 찰스 젱크스(Charles Jencks)[84]로, 그는 Post Modern의 정의를 다음과 같이 언급하고 있다.

"Post Modernism 건축을 간단히 정의를 내릴 수 있다면, 한 번에 두 가지 이상의 레벨로 이야기하는 건축이라 할 수 있다. 말하자면 여러 건축가 및 건축에 대한 의미에 특별한 관심을 갖는 소수의 관련자와의 관련과, 다른 한편으로는 쾌적성이나 전통성 등의 생활방식에 관한 문제에 의식을 갖고 있는 일반대중 혹은 지역주민과 관련을 갖는다. 때문에 Post Modernism의 건축은 혼성적으로 보일지도 모른다."[85]

포스트모더니즘의 정의에 대해서는 위의 언급만으로는 무엇을 말하는지 이해하기 매우 어렵다. 우선 위의 정의를 해석하기 전에 문자 그대로의 의미로서 Post Modern이라는 단어를 생각해보자.

Post란 『이후』라는 의미로서 Post War란 전후(戰後)를 말하는 것이다. 우리가 Post Impressionism이라 하면 인상파의 후에 일어난 회화를 말하는 것과 같이

84) 939년 미국 볼티모어(Baltimore)출생으로 포스트모던 건축 이론에 대하여 큰 틀을 확립하였다. 주요저서로는 『건축의 의미(Meaning of Architecture, 1969)』, 『건축 2,000(Architecture 2,000, Ptedilections and Methods, 1972)』, 『특별주의(Adhocism: The Case of Improvisation, 1972)』, 『르 꼬르뷔제와 그 건축의 비극적 측면(Le Corbusier and the Tragic View of Architecture, 1973)』, 『포스트모던 건축언어(The Language of Post-Modern Architecture, 1977)』 등이 있다.

85) 찰스 젱크스(Charles Jencks), 포스트모던 건축언어(The Language of Post-Modern Architecture, 1977

Post Modern을 건축의 측면에서 말하자면 『근대건축의 이후의 건축』이 된다. 그렇다면 여기서 우리는 『근대건축(Modern Architecture)』의 의미를 논의해야 한다.

일반적으로 우리들은 근대건축이란 단어를 20세기의 건축이라 정의하고 있는데, 이것을 근대건축이 곧 영어로 Modern Architecture로 생각한다면 단어의 느낌이 다소 달라진다. 우리들이 일반적으로 근대건축이란 단어에서 이미지하고 있는 건축이란 영어로는 Modern Movement 혹은 International Modern, International Style의 단어로 표현하는 경우가 많다. 말하자면 근대예술운동의 소산으로서의 건축이라는 파악이 일반적이다. 운동(Movement)이라하면 보통 전성기가 있으며, 또한 끝이 있다. 사실 Modern이나 근대라는 이름을 사용한 많은 단어에는 현재에서 볼 때 이미 하나의 시대를 장식한 역사적인 개념에 가깝다는 느낌이 든다.

그림215 아키그램 4(Archigram 4) 표지 디자인, 1964

그림216 피터 쿡(Peter Cook), 플러그 인 시티(Plug-in-City), 1964

그림217 론 헤론(Ron Herron), 뉴욕의 워킹 시티 (The walking city in New York), 1964

86) 피터 쿡(Peter Cook), 워렌 초크(Warren Chalk), 데니스 크롬톤(Dennis Crompton), 데이비드 그린(David Greene), 론 헤론(Ron Herron), 마이크 웹(Mike Webb) 등 6인으로 구성된 아키그램(Archgram)은 건축의 고리타분함과 지루함을 거부한다는 모토로 1961년부터 실험적인 건축을 추구한 영국 건축가 그룹이다. 『아키그램(ARCHIGRAM)』이라는 명칭은 『archi(tecture)』와 『gram』을 조합-전보(telegram)나 무선전보(aerogramme)와 같이-해서 만들어진 것으로, 1961년과 1974년에 걸쳐 아키그램 그룹이 아홉 차례 발행한 바 있는 그들의 건축 잡지도 이와 같은 이름을 갖는다.

Modern Jazz, Modern Ballet, Modern Painting, 근대극, 근대문학, 근대비평 등 모두가 현재의 눈으로 본다면 일종의 옛정을 느끼게 하는 분위기의 단어가 많다.

근대건축도 그 운동으로서의 성과를 이미 이룩하여 버렸다. 20세기 초두의 근대건축운동은 민주주의시대의 건축, 공업화시대의 건축을 목표로 하였으며, 기능주의적인 건축이론과 기계의 이미지를 모델로 하는 표현을 추구하여 왔다. 그곳에서는 건축의 구조, 구성, 표현은 명쾌하게 하나의 이론상으로서 지시하여야만 하였다.

이러한 근대건축운동이 세계적으로 인지되어 세계를 제압하게 되는 것은 제2차 세계대전 이후의 일이었다. 전후사회에서 요구되는 경제성, 합리성 그리고 실리주의에 어울리는 건축으로서 근대건축운동의 성과는 세계에 넓게 받아들여졌다. 국제양식은 문자 그대로 국제양식으로 되어갔던 것이다. 근대운동이 그 성과를 흘려감과 함께 CIAM(근대건축국제회의)도 1956년에 10차로 해산된다. 직후 영국의 아키그램(Archigram)[86], 일본의 메타볼리즘(Metabolism) 등의 활동이 시작되었다. 이러한 움직임은 근대건축의 종말과 함께 건축을 보다 즉물적으로, 보다 기계적으로 표현하는 방향으로 가는 프로세스라 하겠다.

그러나 건축을 즉물적으로 구성하며, 기술지상주의적으로 표현함으로서 미래를 나타낼 수 있다는 낙관주의는 1974년의 오일쇼크 이후 급속히 그 모습을 바꾸어 갔다. 건축의 표현도 벌써 기능이나 구조를 정직하게 표현한다면 사회의 이상을 표현할 수 없다고 생각하게 되면서 기능주의 건축이라는 이념은 크게 변하게 되었다. 이러한 변화 속에서 새롭게 나타난 것이 바로 Post Modernism의 건축이다.

2. 포스트모던 건축

포스트모던(Post Modern) 건축은 기능이나 구조를 직접적으로 표현의 도구로 사용하는 것이 아니라 문화적인 의미를 전승하기 위한 표현을 목표로 한다. 이러한 포스트모던 건축은 구조적, 디자인적으로 얼핏 보기에는 복고적인 형태를 취하고 있다. J. M. 딕슨은 다음과 같이 포스트모던 건축에 대해 기술하고 있다.

"세부는 어찌됐던 전체적인 형태는 역사성을 띄고 있으며, 전통적인 내력벽 구조에 창을 뚫고, 실내도 유동성 있는 오픈 스페이스가 아닌 방으로서 구획되는 것이 특징이며, 그곳에는 복고풍과 함께 아이러니(irony), 애매함(ambiguity), 그리고 기지(witness)가 포함되어 있다... 포스트모던(Post Modern)이란 과거의 전통에 의해 디자인하며 고전주의나 지방성을 지닌 건축언어를 응용하며 재구성하는 것이다. 페디먼트(Pediment), 원주, 꽃모양형의 벽면장식, 조형이 추상화되거나 재구성되어 새로운 상호관계를 가지고 사용된다. 장식이나 텍스츄어(Texture)[87]도 중요시 된다. 그리고 1920년대로부터 30년대에 걸쳐 보였던 양식인 유선형의 『Modern Style』이나 『Art Deco』를 느끼게 하는 조형이 나타난다"[88]

이와 같은 포스트모던 건축의 특징은 조형을 만들어내는 의식이 단순히 복고적

그림218 필립 존슨(Phillip Johnson), AT&T 빌딩(AT&T Building), 1979

그림219 마이클 그레이브스(Michael Graves), 포틀랜드 빌딩(Portland Building), 1983

87) 재료의 사용에 따라 생겨나는 건물 표면의 느낌
88) Progressive Architecture 잡지, 1983년 1월호

인 취미가 아니라는 점을 이해해야 할 것이다. 역사성을 지닌 장식이나 모티브는 어느 의미에서는 현대에 있어서 시대착오적인 것이다. 이것이 아나크로니즘(Anachronism)이라는 점을 인정하는 상황에서 하나의 픽션으로서 건축표현에 사용하려는 것이 포스트모던의 의식인 것이다. 기능이나 구조를 직접적인 건축표현에 연결시키려는 의식에는 사회가 요구하는 기능을 솔직히 표현하는 것이 건축의 책무라고 생각하는 논리적인 사명감과 사회의 진보와 발전을 믿는 미래관이 횡적으로 깔려져 있다. 이러한 낙관적인 사회관에 대한 의문으로부터 건축이 부여하는 꿈을 다시 생각하는 것이 포스트모더니즘적인 발상이다. 따라서 포스트모던 건축의 표현을 지지하고 있는 의식은 근대주의의 낙천성에 미숙한 반성과 건축에 픽션을 회복해 보고자 하는 온순하고 상냥함이 표면과 그 이면에 함께 공존하게 된다.

포스트모던 건축 중에서 커다란 영향력과 성과를 올린 작품을 든다면, 우선 필립 존슨(Phillip Johnson)설계의 AT&T본사빌딩과 마이클 그레이브스(Michael Graves) 설계의 포틀랜드 빌딩(Portland Building), 그리고 리카르도 보필(Ricardo Boffil)의 파리근교의 마른 라 발로(Marne-la-Vallée)에 있는 르팔레 다브로 집합주택(Le Palais d'Abraxas)을 대표작으로 들 수 있겠다.

AT&T본사빌딩은 지펜달(Chippendale)의 가구로 평가되는 원형으로 잘려진 페디

그림220 리카르도 보필(Ricardo Boffil), 르팔레 다브로 집합주택 (Le Palais d'Abraxas), 1983

그림221 찰스 무어(Charles Moore), 이탈리아 광장(Piazza d'Italia), 1979

89) 15세기 초 브루넬리스키(Brunellesch)가 설계한 파치 예배당(Cappella Pazzi)을 연상시키고 있다.

먼트의 건물 정상부분이 1920년대부터 30년대에 걸쳐서 풍미한 마천루를 연상시키면서 화제를 불러 일으켰다. 뿐만 아니라 출입로는 아치로 강조[89]하면서 과학이나 기술의 비인칭적 보편성에서 벗어나 문화적 연상을 표현하려는 자세가 엿보인다. Art Deco적인 모티브를 사용하고 있으며, 대범하게 리본장식을 벽면에 배합한 포틀랜드 공공빌딩도 기본적으로는 같은 종류의 메시지를 전달하려는 건물이다.

리카르도 보필 설계의 르팔레 다브로 집합주택은 로마풍의 장대한 건축구성을 콘크리트 프리패브로 건설한 건물로 지금까지의 집합주택이 위생사상과 평등사상에 의해 공급되어온 점에 반하여 반이론적(Anti-thesis)으로 되어 있다. 미국의 건축가 찰스 무어(Charles Moor)가 1978년에 설계한 뉴올리언스의 이탈리아 광장(Piazza d'Italia)은 이탈리아 반도의 형태의 연못을 가지고 있으며, 이탈리아 르네상스에서 사용되었던 고전주의 건축의 기둥을 스테인리스나 네온사인으로 만든다는 새로운 시도를 보여주고 있다. 이러한 이탈리아 광장(Piazza d'Italia)은 역사적인 연속성을

그림222 제임스 스털링(James Stering), 마이클 윌포드(Michael Wilford), 슈타트 미술관 (Neue Staatsgalerie), 1984

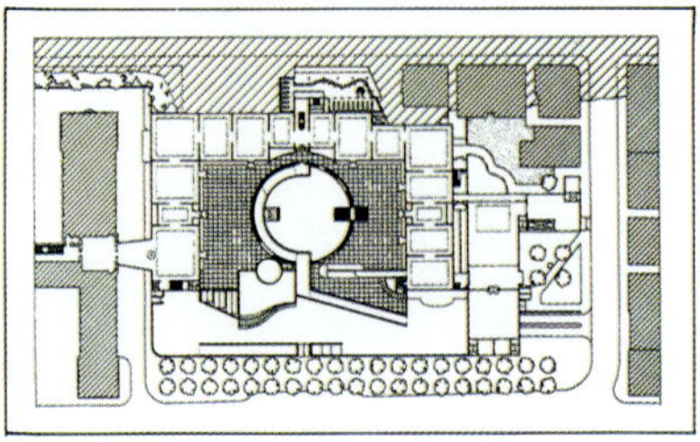

그림223 슈타트 미술관 (Neue Staatsgalerie) 평면도

가볍게 씻어버리려 하는 점이 엿보인다.

제임스 스털링(James Stering)의 슈투트가르트에 세운 노이에 슈타트 미술관(Neue Staatsgalerie), 그리고 한스 홀라인(Hans Holain)설계의 빈(Wien)에 건설한 여행 대리점 등 수많은 포스트모던 건축이 세계에 그 모습을 나타내고 있다.

이러한 작품들에서 공통적으로 찾아볼 수 있는 특징은 건축이 문화적·역사적인 연상성을 지닌 메시지의 발생장치로서 역할하고 있다는 것이다. 이곳에서는 기능을 충족시키면서 건축표현을 얻으려 하는 모더니즘건축으로 부터의 결정적인 결별이 보이고 있으며 이러한 점에서 포스트모던 건축표현이 인정되는 것이다.

토니 가르니에 Tony Garnier 토마스 램 Thomas Lamb
onard Fontaine 피에르 샤로우 Pierre Chareau 피에트 몬드리안 Piet Mondrian
필립 존슨 Philip Johnson 한네스 마이야 Hannes Meyer
루스 베를라헤 Hendrick Petrus Berlage 헨리 러셀 히치콕 Heney-Russell Hitchcock 헨리
Guido Frette 까를로 스카르파 Carlo Scarpa 까를
단크마어 아들러 Dankmar Adler 데니스 크롬톤 Dennis Crompton
nond Hood 루돌프 쉰들러 Rudolph M. Schindler 리처드 노먼 쇼 Richard Norman Shaw
마리오 키아토네 Mario Chiattone 마이크 웹 Mike Webb
Miss van der Rohe 미하엘 디 크레르트 Michael de Klerk 미첼 데 클럭 Michel de Klerk
Brunel 브루넬리스키 Brunellesch 브루노 제비 B
Semper 구스타프 에펠 Gustave Eiffel 귀도 프레떼 G
다니엘 리벤스킨 Daniel Libeskind 다니엘 번햄 Daniel H. Burnham
y-Nagy 레오 본 크렌체 Leo von Klenze 레이먼드 후드 Raymond Hoo
rtin Roche 마리오 보타 Mario Botta
만푸레도 타푸리 Manfredo Tafuri 맥크무르도 A. H. Mackmurdo
발터 그로피우스 Walter Gropius 발터 크레인 Walter Crane
루베트킨 Berthold Lubetkin 브세볼로드 마이어홀드 Vsevolod Meyerhold
ebastiano Larco 스탠포드 화이트 Stanford White 아나똘 드 보도 Anatole
아우렐리오 갈페티 Aurelio Galfetti 안토니오 가우디 Antonio Gaudi 안토
ohannes Pieter Oud 어거스트 페레 Auguste Perret 어니스트 랜섬 Earnest Ransome
las Ungers 오스카 슐레머 Oskar Schlemmer 오토 바트닝 Otto Bartning
요하네스 브린크만 Johannes Brinkmann 우발도 카스타뇰리 Ubaldo
스 William Morris 윌리엄 반 알렌 William van Allen 윌리엄 르 바론 제니 William Le Baron Jenny
제임스 스털링 James Stering 조르죠 그라시 Giorgio Grassi
존 미드 하웰스 John Mead Howells 죠셉 팩스톤 Joseph Paxton
obert Ashbee 찰스 무어 Charles Moor 찰스 프란시스 앤
칼 프리드리히 쉬켈 Karl Friedrich Schinkel 커티스 William J. R. Curtis
텍톤 Tecton 토니 가르니에 Tony Garnier 토마스 램 Thomas Lamb
프랭크 로이드 라이트 Frank Lloyd Wright 프리츠 헤이거 Fritz H?ger
Peter Einsenman 피터 쿡 Peter Cook
Iolain 헤르만 무테지우스 Hermann Muthesius 에르만 S
세볼로드 마이어홀드 Vsevolod Meyerhold 블라디미르 타틀린 Vladimir Tatlin
아나똘 드 보도 Anatole de Baudot 아달베르토 리베라 Adalberto Libera
안토니오 상텔리아 Antoni Sant'Elia 알도 로시 Aldo Rossi 알렉산데르 베
some 에로 사리넨 Eero Sarrivan 에릭 멘델존 Erich Mendelsohn
오토 엑크만 Otto Eckmann 오토 와그너 Otto Wagner
aldo Castagnoli 움베르토 보쵸니 Umberto Boccioni 워렌 초크 Warren Chalk
윌리엄 리차드 레더비 William Richard Lethaby 윌리엄 호라버드 William Holabird
제임스 스털링 James Stering 조르죠 그라시 Giorgio Grassi
존 미드 하웰스 John Mead Howells 죠셉 팩스톤 Joseph Paxton
obert Ashbee 찰스 무어 Charles Moor 찰스 프란시스 앤
azimir Malevich 칼 프리드리히 쉬켈 Karl Friedrich Schinkel 커티스 William
토니 가르니에 Tony Garnier 토마스 램 Thomas Lamb
eonard Fontaine 피에르 샤로우 Pierre Chareau 피에트 몬드리안 Piet Mondrian
필립 존슨 Philip Johnson 한네스 마이야 Hannes Meyer
루스 베를라헤 Hendrick Petrus Berlage 헨리 러셀 히치콕 Heney-Russell Hitchcock 헨리
Guido Frette 까를로 스카르파 Carlo Scarpa 까를
단크마어 아들러 Dankmar Adler 데니스 크롬톤 Dennis Crompton
nond Hood 루돌프 쉰들러 Rudolph M. Schindler 리처드 노먼 쇼 Richard Norman Shaw
마리오 키아토네 Mario Chiattone 마이크 웹 Mike Webb
Miss van der Rohe 미하엘 디 크레르트 Michael de Klerk 미첼 데 클럭 Michel de Klerk
Brunel 브루넬리스키 Brunellesch 브루노 제비 B

XIII. 20세기말의 건축

Late 20C Architecture

1. 과거에 대한 기억(Memory)

1.1 신 합리주의 건축(Neo-Rationalism)

20세기 말에 있어 근대성과 전통성의 공존의 의지는 다시 반복되는 특징이 있다. 특히 이것은 2차 세계대전 후 기능주의가 팽배했던 유럽의 건축에 있어서 건축의 본질성이라는 기능주의의 한계에 대한 대답이 되었다. 이는 특별한 장소의 역사적인 흔적을 밝히는 것, 도시의 급속한 확장에 대해서 그 영역을 확정시키는 것, 그리고 기하학과 형태에 관하여 연구하는 것 등 건축의 본질적 역할을 중요시하는 신합리주의(Neo-Rationalism)는 유럽의 고전적 회상의 토대를 갖추고 있는 이탈리아와 독일 그리고 스위스를 중심으로 발전하여 건축의 유형과 형태언어를 가지면서 발전하였다. 독일의 오스발트 마티아스 웅거스(Oswald Mathias Ungers)와 이탈리아의 알도 로시(Aldo Rossi), 조르죠 그라시(Giorgio Grassi)가 대표적인 신합리주의 건축가로서 각각 건축의 본질에 대한 해석과 건축으로의 적용에는 또한 차이를 가지고 있다.

웅거스는 형태의 결정은 목적을 위한다는 기능주의자들의 사고에 반하여 모든 요소들은 각 요소들 본질에 대한 정의가 가능해야하며 건축가들은 이러한 차이점들을 표현하여야 함을 강조하였다. 그는 어느 기능에나 부합되는 보편적인 타당성에 각 경우의 상이성을 동화시키는 기능적인 평등화에 반대하는 다양성을 위해서 아이디어의 본질적인 형태와 개념의 형태학적 변형이 가능한 것을 원하였다. 이를 위하여 그는 아이디어의 체계화에 중점을 두면서 형태에서 형태로의 변형에 대하여 강

그림224 알도 로시(Aldo Rossi, 1931-1997)

조하였다. 이러한 그의 의지는 프랑크푸르트(Frankfurt)의 건축박물관(Architektur Museum)에 잘 드러나고 있다. 그는 여기서 건물 내의 건물, 다양한 크기의 사각형 모듈, 그리고 신전과 같은 본질적인 요소들과 오두막에 대한 것들을 보여주었다.

알도 로시와 조르죠 그라시는 이탈리아 신합리주의의 선구자로서 그들은 과거를 푸는 열쇠로 기본적 타입의 변형과 최초의 원형(Prototype) 안에서 의미의 진수를 찾으려 하였으며, 초기 근대건축을 통해 이어져온 고전적 가치들의 흐름과 고전적 질서들로 이루어진 조화에 의존하였다.

알도 로시의 건축에 있어서 사상의 중심이 되는 도시의 건축(L'architettura della città)에서 그는 기능을 건축적 경험의 일부분으로 간주하여 건축물에서 그 기능은 고유한 것이 아니라 가변적인 것으로 기능주의 건축의 허구성을 폭로하고 있다. 그리고 시대의 흐름에 따라 결국 남겨지는 것은 도시 구조 내에서의 형태로 존재하며 그 형태는 기억의 이름으로 도시와 함께 성장하는 장소성과 기념성을 기리는 시간 속에 존재하는 총체적 기억이라 지칭하였다. 알도 로시의 건축물들에서는 입방체와 원뿔, 그리고 원통형과 같은 기하학적 기본 형태들의 결합을 볼 수 있는데, 이는 그

그림225 오스발트 마티아스 웅거스 (Oswald Mathias Ungers), 건축박물관(Architektur Museum), 1983

그림226 건축박물관(Architektur Museum) 내부

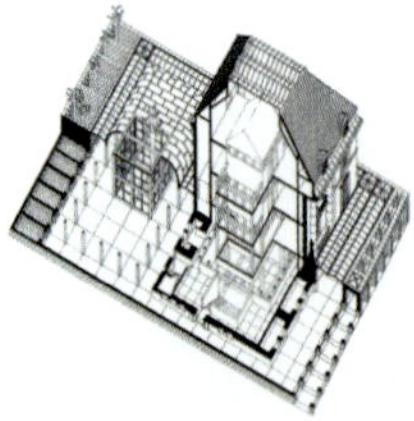

그림227 건축박물관(Architektur Museum) 엑소노메트릭

90) Alberto Ferlenga, Aldo Rossi 1959~1987, Electa, Milano, 1987

가 생각하는 전통적인 형태의 유형들은 특정 컨텍스트와 특정 기능의 관계 속에서 그들이 유발하는 연상 때문이 아니라, 건축 자체의 자율적 전통에 관한 원형을 암시해 주는 능력 때문에 사용되고 있는 것이다.[90] 그러나 한편으로 이러한 건축표현은 기본 형태들의 추상적인 환기를 통한 역사적 회상으로 돌아가고자 하는 신합리주의의 특징적인 표현이기도 하다.

1965년에 밀라노 부근의 도시 세그라테(Segrate)에 세워진 기념비는 이러한 그의 건축유형에 대해서 잘 보여주고 있다. 계단이 있는 사각형은 건물을 의미하며, 원통은 기둥을 은유적으로 부각시키고 있다. 기하학의 현대적 표현과 은유적인 추상성은 알도 로시의 건축에서 항상 나타나듯이 유형학과 역사와의 결합을 통한 의미적 배경이 되었다. 이러한 알도 로시의 기하학적 상징성의 다양성은 1983년에 설계한 모데나(Modena)의 공동묘지(Cimitero di San Cataldo)계획에 더욱 강하게 나타난다. 이 계획안은 기념비적 성격을 가지고 있는 것으로서 좌우 대칭적 평면배치 속에 지붕도 창문도 없는 육면체의 납골당과 그 반대편에 굴뚝과 같이 우뚝 서 있는 원뿔형의 오브제들은 중앙의 축을 따라 처음과 끝에 위치하여 공동묘지의 기념비적인 성격을 강조하고 있다. 이 프로젝트를 위한 알도 로시의 스케치는 상당부분이 쿠네오(Cuneo)의 기념비를 연상케 하고 있다.

그림228 알도 로시(Aldo Rossi), 세그라테(Segrate) 기념비 투시도, 1965

그림229 세그라테(Segrate) 기념비 도면

그림230 알도 로시(Aldo Rossi), 공동묘지(Cimitero di San Cataldo), 1971-78

묘지 전체를 에워싸고 있는 선형의 건물들의 기둥들은 수직적으로 연속하여 나열되어 있으며, 이러한 기둥들과 개구부들은 죽은 자들을 줄지어 놓은 것과 같다. 이는 모든 인간의 죽음은 동등하다고 느끼게 하고 있다. 이와 같이 기하학적인 배치 구성 형태는 다양한 상징성의 은유적인 표현들로 구성되어 있다. 납골당과 원추형 집회소, 녹지지역으로 이루어진 지상 묘역들은 생명의 영원성을 표현하고 있으며, 이는 또한 중심부의 종교적 상징성을 나타내는 생선의 뼈와도 비유된다.

알도 로시는 도시의 건축을 발표하고 베를린(Berlin)의 남부 프리드리히슈타트(Friedrichstadt) 지역에 위치한 IBA 주거단지에 아파트를 계획하였다. 이 지역은 2차 세계대전 중 폐허가 된 지역으로 그는 이곳에 산업적이고 고전적인 원형을 결합하여 20세기 주거계획에 있어 사회주의자의 정신과 포스트모던의 역사적 언급을 통한 하나의 기념비적이고 장엄한 계획을 제안하였다. 4층 높이의 거대한 기둥은 이 지역의 특성을 나타내고 있으며 파사드의 개구부 디자인 방식과 뾰족한 계단탑은 도시의 특성을 살리고자 한 그의 고유한 건축 유형학적 언어이다.

알도 로시 이후 밀라노의 죠르죠 그라시는 이탈리아 신합리주의 건축에 있어 중요한 건축가이다. 그라시는 건축에 있어서 이론과 실무를 분리하지 않고 상호보완

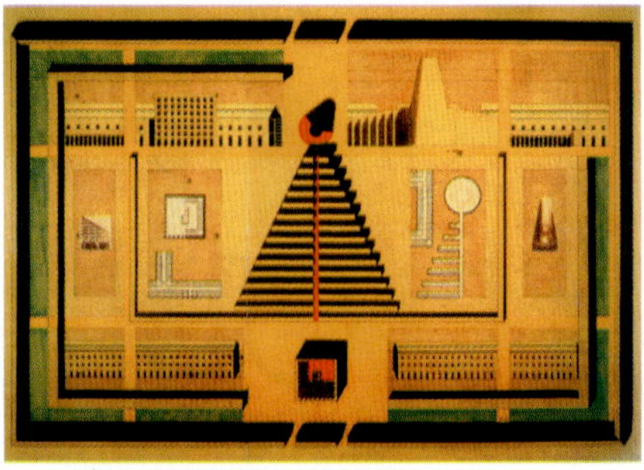

그림231 공동묘지(Cimitero di San Cataldo) 배치도

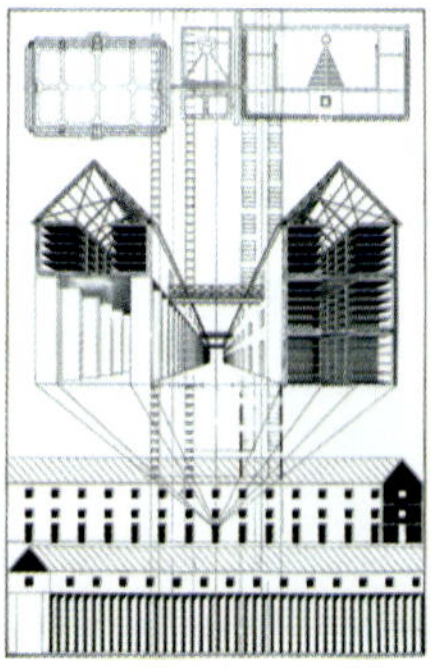

그림232 공동묘지 (Cimitero di San Cataldo) 단면도

91) 김종헌, 이탈리아어권의 신합리주의 건축에 관한 연구, 대한건축학회논문집 13권 1호, 1997

적인 불가분의 관계로서 이는 『건축의 통합』이라는 논리를 따르고 있다. 그라시에게는 역사적인 장소나 건물들은 건축적 해석에 있어서 시간적 제약을 받지 않으며, 이것은 건축에서 새로운 것과 옛것의 구분은 있을 수 없으며 단지 건축은 그 건물이 지어졌을 당시의 물리적 상태에 의하여 표현되어지는 합리성에 의해 평가되어져야 한다는 것이다. 알도 로시와 초기에 여러 작업을 같이 한 그라시는 끼에티(Chieti)의 학생들을 위한 기숙사 현상공모의 계획안에서 알도 로시의 계획안과 차이를 보이고 있다. 알도 로시는 개개의 박공형 건물에 광장을 배치하고 광장 가운데에 공공건물을 앉힌데 반해, 그라시는 단순한 두 개의 열과 대칭인 두 개의 빗모양의 블록과 전면을 채우는 높은 갤러리에 의한 가로를 만들었다.[91] 이것은 알도 로시의 안보다 놀랄 만큼 단순하고 세련된 것이었다. 알도 로시는 개체 건물들과 공공건물 사이의 대조를 강조함으로써 시각적 표현을 장소성에 두었으며, 그라시는 같은 목적을 위해 개개의 높은 기둥과 함께 연속적인 갤러리의 형태에 의지하면서 강한 기념비적 성격을 드러내고 있었다.

이러한 유럽의 신합리주의는 미국의 후기 포스트모더니즘과는 건물의 외형에 있어서 형태적으로 고전 건축의 표현을 사용한다는 공통점이 있으나 본질적인 사상에 있어서는 매우 상이한 것이다.

그림233 알도 로시(Aldo Rossi), IBA 주거단지 아파트, 1981

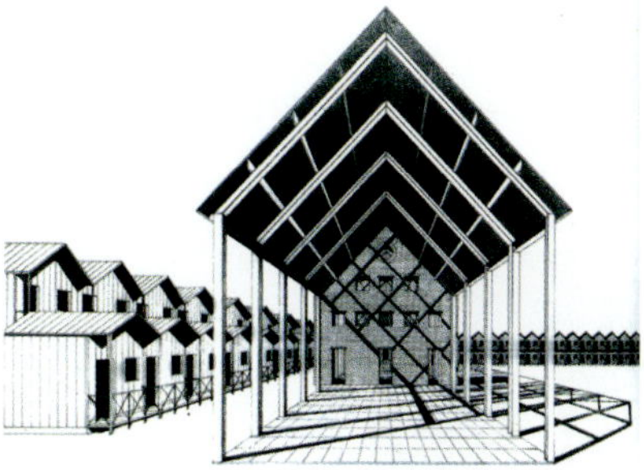

그림234 알도 로시(Aldo Rossi), 학생을 위한 기숙사 (Casa dello studente), 1976

그림235 조르죠 그라시(Giorgio Grassi), 학생을 위한 기숙사 (Casa dello studente), 1976

1.2 티치노(Ticino)의 기하학과 형태

1970년 이후 스위스에서는 새로운 경향이 나타나게 되었다. 이러한 새로운 경향은 스위스 연방의 티치노(Ticino) 주에서의 작은 건축가 그룹에 의해 주도되었는데, 이들은 르 꼬르뷔제(Le Corbusier), 루이스 칸(Louis Kahn), 까를로 스카르파(Carlo Scarpa), 쥬세페 테라니(Giuseppe Terrani) 등으로부터 부분적인 영향을 받으면서 그 지역의 전통적 특성에 접목을 하였다. 티치노 학파의 중심인물로는 루이기 스노찌(Luigi Snozzi), 아우렐리오 갈페티(Aurelio Galfetti), 리비오 바치니(Livio Vacchini), 그리고 마리오 보타(Mario Botta)로써 이들의 초기 작품에서는 그 지역의 느낌을 서정적으로 표현 할 수 있는 기하학적인 원리와 형태가 보인다.

루가노(Lugano)를 중심으로 활동하는 마리오 보타는 기하학적인 요소들의 조합을 통하여 그의 건축의 대한 이상을 표현하고 있는데, 건축의 완벽성과 대지와 경관에 대한 건축적 적극적인 대응으로서 과감한 사각형과 원통형의 형태를 사용한다. 또한 그의 작업에는 빛의 극적인 효과를 이용한 공간들이 돋보인다.

이는 아마도 그의 건축에 있어서의 스승인 루이스 칸의 건축공간에 대한 연구의 결과라 할 수 있다. 마리오 보타의 초기의 건축 작업은 스위스의 전원적 풍경 속의 많은 빌라들을 통하여 이루어졌으며, 초기 작품들을 수행하면서 그의 건축 스승인 르 꼬르뷔제나 루이스 칸의 건축공간과 형태에 대해서 실제적인 연구를 하였다. 까데나조(Cadenazzo)의 빌라를 보면 형태적 측면에 있어서 이것은 빌라이기 보다는

그림236 마리오 보타(Mario Botta, 1943-)

92) 역사란 단순히 기둥이나 주두를 사용하거나 과거의 형태를 차용하는 것도 아니다. 역사는 그 자체의 심오한 의미 속에서 우리 모두가 의지하는 어떠한 본질이다. 우리는 우리 자신을 자유롭게 하기 위해서는 역사의 본질로부터 할 수 있는 모든 노력과 시도를 하여야만 한다. 이것은 우리가 시대의 요구에 대응할 수 있어야 하기 때문이다. - William J. R. Curtis, 1900년 이후의 현대 건축에서 인용

공공건물 같이 보이며, 많은 디자인의 형태에 있어서 루이스 칸의 것을 사용하고 있음을 알 수 있다. 또한 철근 콘크리트 구조의 스타비오(Stabio) 주택에서는 조각적인 외부계단이나 전체적 건물의 조형적 특성에 있어서 르 꼬르뷔제안적 특성이 강조되고 있다.

이에 반해서 마리오 보타의 까사 로톤다(Casa Rotonda)에서는 그의 건축에 대한 하나의 방향성을 제시하고 있다. 콘크리트 블록으로 이루어진 중후한 감각의 건축물은 주변의 경관에 대한 하나의 기념비적 성격을 드러내고 있으며, 이는 건물 자체의 완결성을 강조하고 있으면서 원통형 매스의 내부로는 빛만이 전체 원통형의 틈을 타고 건물의 내부 깊숙이 전달될 수 있도록 하였다. 그의 작품에서 보여지는 자신의 형태적 언어로 자주 인용되는 고전적인 건축요소들은 고전의 비례와 형태 그대로가 아닌 변형에 의한 것이다.

이것은 그가 건축을 통해 냉소적인 포스트모더니즘보다는 우리의 삶과 시대를 표현하고자 하였기 때문이며, 현대에 있어서 근원적인 것을 재발견하고자 한 것이다. 자유롭기 위해서는 역사의 본질로부터 할 수 있는 모든 노력과 시도를 해야 한다는 그의 역사에 대한 시각[92]은 이러한 그의 건축을 잘 대변하고 있다.

아우렐리오 갈페티는 티치노의 벨린조나(Bellinzona)를 중심으로 활동한 건축가

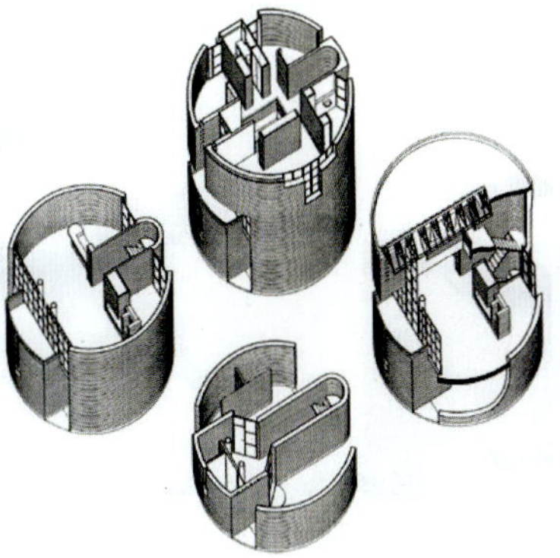

그림237 마리오 보타(Mario Botta), 스타비오(Stabio) 빌라, 1966

그림238 마리오 보타(Mario Botta), 까사 로톤다(Casa Rotonda), 1981

이다. 갈페티는 1970년대와 80년대 스위스에 급속히 진행되는 도시화 속에서 지형학적인 특징을 고려하면서 새로운 도시적 건축에 민감하게 반응한 건축가이다. 갈페티는 영역을 구분하고 경관 속에 고대의 구조물과 유사한 형태나 규모에 대응하는 윤곽들을 가지고 뚜렷한 객체를 만들고자 하였으며, 이는 벨린조나에 있는 테니스 클럽의 계획안의 수직의 긴 벽에서 잘 드러난다. 실제로 벽은 통로를 수반하기에 전혀 솔리드하여야 할 이유는 없었으나 그 벽은 외부와 내부와의 영역성과 소통을 가지는 성곽의 벽이라는 의미로 사용되었다. 두 개의 평행한 콘크리트 면으로 이루어진 경계로써의 벽에는 단지 중앙에만 개구부를 두어 벽의 의미를 강조하고 있다.

스위스 티치노 지방에서의 건축적 특성은 무엇보다도 도시의 문맥을 고려하면서 합리주의적 경향 하에 모더니즘을 재평가하려 하였다는 것이다. 고전의 것을 재해석하려 노력하면서 또한 이를 바탕으로 지역적 건축으로서 건축의 변화와 지속성을 동시에 완수하려는 의지를 볼 수 있다.

그림239 아우렐리오 갈페티 (Aurelio Galfetti), 테니스 클럽, 1983

2. 기술과 추상화

2.1 하이테크(High-Tech)

격식과 신분과 관습에 의한 양식적인 건축이 아닌, 주어진 임무에 대하여 불필요한 동작 없이 필요로 하는 최소한의 에너지 소비로 수행하는 기계와 같은 건축. 미래파의 건축가들은 이러한 건축이 건설되는 도시의 이미지를 댐 혹은 저장창고와 같이 묘사하였다. 그리고 르 꼬르뷔제는 이러한 점을 대서양 횡단선로의 기선을 인용하면서 언급하였다. 도시는 기능적으로 정리되며, 건축은 단일의 단순함을 목표로 하는 것으로서, 이러한 이미지는 이미 상델리아의 단어 속에서 연상되는 재료인 철과 글라스 그리고 콘크리트가 있다.

이와같이 새로운 기능을 가진 건축이 근대가 되어 등장함과 동시에 새로운 재료의 등장은 공교롭게도 그 시기가 일치하고 있다. 철도 역사(驛舍)와 대단위의 온실, 병원, 시청사, 호텔 등과 같은 새로운 타입의 건축이 19세기가 되면서 등장하였으며, 19세기 이후의 건축은 그 이전이 유사한 건축과 비교하여 놀랄 만큼의 대규모 건물로 변화되었다. 이러한 스케일의 확대는 건축의 분야에 있어서도 나타나는데 이점이 곧 근대에 있어 두드러진 특징이라 하겠다.

철과 글라스와 콘크리트의 건축이란 이러한 새로운 기능을 위한 건축으로서 태어나 성장하여 왔던 것이다. 그곳에는 각각 건축의 역할에 어울리는 재료가 사용되

그림240 리처드 로저스(Richard Rogers, 1933-)

며, 격식이나 관습이라는 기존의 표현을 대신하여 건물의 성격을 즉물적으로 나타내는 조형이 사용되었다. 근대건축의 조형을 인도한 이념이란 결국 기능의 즉물적인 표현이라는 생각이었다. 그때까지의 양식적인 구성법은 건축의 내용을 감추는 것이라고 배제되었으며 고대나 중세의 양식을 근거로 하는 건축은 근대의 기능을 나타내는 것으로 생각할 수 없었던 것은 물론이며 이러한 형태 자체에 대해서도 아무런 존재감도 리얼리티도 느낄 수 없게 되었다.

이러한 기조에서 발생한 근대건축의 표현은 1차 세계대전으로 매우 의식적인 설계의 산물이었다. 목조건물이 아직 많이 남아 있는 주위에 철근콘크리트조의 건물은 이전부터 남아있는 양식건축뿐이었다. 이러한 상황에서 근대적인 스타일의 건축을 짓는다는 것은 그 자체로 가로의 랜드마크를 만들어 내는 것이며, 근대건축은 목조건축의 지붕위로 떠오르는 하얀 배와 같이 보였다.

그러나 지금은 근대건축이 이미 시가지의 대부분을 차지하고 있으며, 이미 그것은 가로의 형성에 있어서 바탕이 되어 버렸다. 이전에는 가로의 위로 떠올라 보였던 것이 지금은 완전히 가로 그 자체로 되어 버린 것이며 그곳에 건축에 있어서 근대혁명이 존재하게 되었다. 이전에는 대단히 굳은 결심을 지닌 일이었던 근대적인 건물의 설계라는 행위는 지금은 무엇보다 당연한 행위로 되어 버렸다.

물론 현대에 있어 근대건축의 표현을 보다 추진시키려 하는 태도가 없었던 것은 아니었으며 초기 근대건축의 조형을 의식적으로 재구성하려고 하는 시도의 예도 존재하였다. 그리고 현대의 공법에 어울리는 근대성을 추구하려고 하는 태도도 지속

그림241 노만 포스터(Norman Foster, 1935-)

그림 242 렌조 피아노(Renzo Piano, 1937-)

되고 있다. 그러나 근대성을 극한까지 추구하다 보면 그것은 이미 근대성이라는 카테고리에서 벗어나 별종의 건축경향으로 되어버리고 만다는 점이 현대적 상황이다. 하이테크(Higt Tech)는 바로 이러한 것들의 하나이다.

높은 수준의 기술에 도달되며 일상적인 건축에 필요한 기능조건을 거의 자체적으로 획득할 수 있게 된다면 단순한 기술의 구사, 단순한 기능의 표현으로는 일상적인 범위를 초월한 건축표현은 얻을 수 없게 되어 버린다. 그곳에 『High Tech』가 새로이 일어나게 되는 상황이 만들어 진 것이다.

2.2 하이테크 건축(High-Tech Architecture)

하이테크(High Tech)라는 단어는 하이테크산업에서와 같이 첨단기술을 뜻하며 건축에 있어서 하이테크는 하이 테크놀러지(High Technology)라는 단어로 부터 유래되었다. 이와 관련하여 첨단기술이라는 단어는 어드밴스 테크놀로지(Advanced Technology)의 번역어이다.

하이테크란 일상의 디자인에 첨단적인 공업제품의 조형을 집어넣은 스타일이며, 공업기술을 극한에 까지 구사한 디자인을 의미한다. 그것은 이미 근대건축의 기능주의를 초월한 표현으로서 1980년대 들어와 건축에 있어서 큰 두각을 보인 하이테크는 건축의 구조적 측면과 투명도 그리고 기술적인 면을 강조하고 있다. 하이테크 건축은 노만 포스터(Norman Foster), 리처드 로저스(Richard Rogers), 그리고 렌조

그림243 리처드 로저스(Richard Rogers),
로이드 사옥(Lloyds Building), 1986

피아노(Renzo Piano)와 같은 현대 건축가를 언급하면서 광범위하게 사용되고 있다.

런던에 있는 리처드 로저스의 로이드 사옥(Lloyds Building)에서 외부로 노출된 닥트와 튜브 및 설비시스템은 기계적 미학을 추구하면서 기술적 낭만주의를 드러내고 있다. 그리고 렌조 피아노는 작품 속에서 구조와 기능, 일조, 조합에 대한 고려를 통한 기계적 형태를 표현하고 있다.

1986년 4월에 공식으로 개점한 노만 포스터의 홍콩상하이은행(Hong Kong and Shanghai Bank) 본점은 이러한 하이테크 건축의 대표작으로 일컬어지는데, 이 건축의 표현은 단순히 필요에 의한 표현이라기보다는, 미래의 기술이라는 어휘로서 표현하려 하는 일종의 미래파라 하여도 좋다. 상하이 은행은 유행에 따르는 것이라기보다는 그것을 둘러싸고 있는 포스트모더니즘의 고층건물들과의 강한 대조를 보여주고 있다. 주요 구조는 건물의 모서리에 위치하면서 이것은 프레임이라기보다는 상호간에 유기적으로 연결되어있는 메가스트럭쳐의 사다리와도 같다. 노만 포스터는 여기에서 급진적 구조철학에 호소하려함과 동시에 그의 건축을 상업적 요인과 기술자 정치의 환상 사이에 명백히 존재시키려고 하였으며, 이러한 그의 의지는 홍콩상하이은행에 하이테크놀러지와 자본주의의 힘을 동시에 실어주고 있다.

그림244 노만 포스터(Norman Foster), 홍콩상하이은행 (Hong Kong and Shanghai Bank), 1986

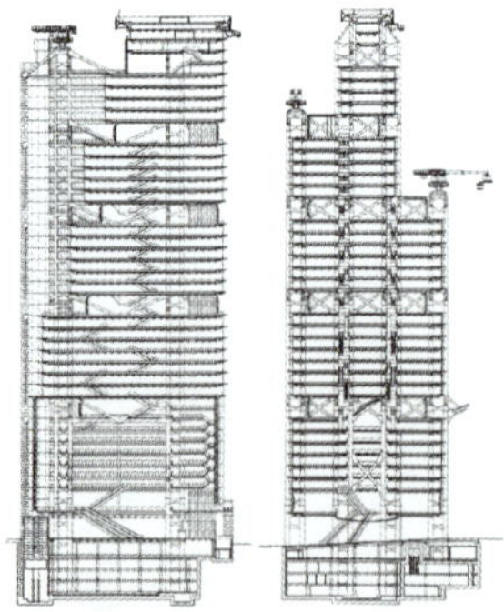

그림245 홍콩상하이은행 (Hong Kong and Shanghai Bank) 도면

그림246 렌조 피아노(Renzo Piano), 조르주 퐁피두 국립예술문화센터 (Centre National d'Art et de Culture Georges Pompidou), 1977

그림247 퐁피두 국립예술문화센터 유리튜브

1977년 렌조 피아노와 리처드 로저스의 파리 중심부인 보부르그(Beaubourg)에 위치한 조르주 퐁피두 국립예술문화센터(Centre National d'Art et de Culture Georges Pompidou)는 고전적인 도시의 경관에 대조를 이루면서 미래를 예견하는 듯한 대담한 디자인의 독창성을 드러낸 작품이다. 당시 유리로 싸인 거대한 공장건물과 같은 형태의 퐁피두센터에 대해서는 새로운 건축양식에 대한 찬양론과 함께 도시의 경관적 조화에 반한다는 이견이 분분하였다. 건물의 내부와 외부의 설비는 바깥으로 노출되어있으며, 관람객들은 유리로 된 튜브 속의 에스컬레이터를 타고 각층으로 진입가능하게 계획되었다.

렌조 피아노의 다른 작품으로 미국 휴스턴에 자리 잡은 메닐 콜렉션 박물관(Menil Collection Museum)은 렌조 피아노의 하이테크 건축의 차별적인 개념을 잘 보여주고 있다. 전체적으로 흰색으로 도장된 노출철골 구조로 이루어진 메닐박물관은 주변에 커다란 공원이 있는 도시근교의 주택가에 위치하면서 파리의 퐁피두센터와는 다르게 주변의 환경과 조화를 이루고 있다. 메닐 박물관은 원래 드 메닐 부부가 1972년 루이스 칸에 설계를 의뢰하였으나 드 메닐씨와 건축가의 죽음으로 인하여 중단되었다.

그림248 렌조 피아노(Renzo Piano), 메닐 콜렉션 박물관 (Menil Collection Museum), 1986

그림249 메닐 콜렉션 박물관 (Menil Collection Museum)

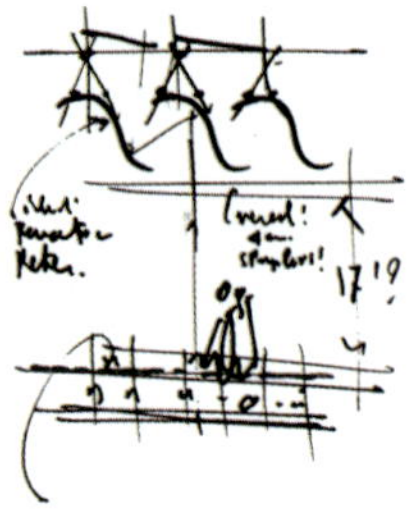

그림250 메닐 콜렉션 박물관
(Menil Collection Museum)
지붕 단면 개념

건물은 기념비적인 형태를 취하고 있지 않으며, 텍사스의 강한 일사와 박물관이라는 프로그램을 고려하여 디자인 된 지붕은 하이테크 건축이 단순히 기술적인 측면만을 강조하는 건축의 새로운 양식이 아니라 하이테크 건축의 서정적 감각과 추상성을 가지고 있음을 보여주고 있다. 자연채광을 위한 디자인은 루이스 칸의 킴벨 미술관을 상기시키고 있다.

다양한 건축 테마에 있어 하이테크 건축은 특히 공항건축에 있어 그 건축적 표현력을 극대화 시켜주었다. 노만 포스터와 렌조 피아노는 자신들 건축의 기술적 표준화의 조합과 조형사상의 조정을 통하여 공항건축에 있어서 하이테크 건축의 한계를 극복하면서 새로운 가능성을 보여주었다.

런던 북부에 위치한 노만 포스터의 스탠스테드 공항터미널(Stansted Terminal)은 은빛 파라솔 지붕을 이용한 자연 채광과 간접인공조명과 함께 지붕을 받들고 있는

그림251 노만 포스터(Norman Foster),
스탠스테드 공항터미널
(Stansted Terminal), 1991

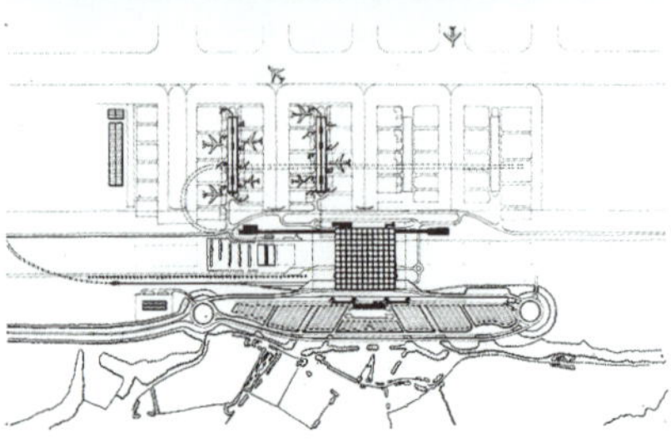

그림252 스탠스테드 공항터미널
(Stansted Terminal) 배치도

93) 인텔리젠트 빌딩(Intelligent Building)은 한국식 영어로 어느 미국의 기업의 슬로건이며, 미국에서는 이러한 빌딩을 스마트빌딩(Smart Building)이라 한다.

가지형의 간결한 기둥의 표현에서는 엘레강스한 설비적 작품과 서정적 표현을 엿볼 수 있다. 그리고 오사카 만의 섬에 위치한 간사이 국제공항(Kansai International Airport)의 익형 단면은 자연적 형태의 원리에 대한 연구를 바탕으로 한 인공적 형태의 창조라는 렌조 피아노 건축에 생성에 대한 것을 잘 보여주고 있다. 유체적 형상을 띠고 있는 윤곽은 바람, 중력, 빛과 같은 자연인자에 대한 대응성과 동적인 느낌을 주는 연속적인 내부의 모습을 가능하게 하고 있다.

2.3 인텔리젠트 빌딩(Intelligent Building)

하이테크 건축의 출현과 함께 최근 건물이 여러 가지 다양한 기술을 장비하게 되며, 통신기능이나 컴퓨터화를 진행시키는 속에서 건물에 있어 새로운 경향이 나타나게 된다. 건물의 오토메이숀(Automation)화를 실행한 건물을 인텔리젠트 빌딩(Intelligent Building)[93]이라고 하는데, 이러한 경향과 하이테크의 표현과는 상호보완의 관계를 가지고 있다.

인텔리젠트 빌딩은 통신기기, 컴퓨터, 사무기기의 출현과 이것들의 다양성과 함께 오피스빌딩의 중장비화가 진행되었다. 이러한 점은 1인당 바닥면적이나 설비 수

그림253 렌조 피아노(Renzo Piano), 간사이 국제공항 (Kansai International Airport), 1994

그림254 간사이 국제공항 (Kansai International Airport) 내부전경

준의 내용을 크게 변화시켰으며 이는 당연히 건축형태에도 영향을 끼치게 되었다. 그러나 인텔리젠트화가 즉시 건축의 표현에 연결되는 것은 아니었으며, 실제로는 외견상 지금까지의 오피스 빌딩과 거의 구별할 수 없는 것도 사실이었다. 건물의 인텔리젠트화란 외관이 아닌 내부의 시설적인 측면이 강한 것으로서, 이는 설비의 테크놀로지 측면을 의미하는 것이 사실이다. 그러므로 인텔리젠트의 경향이란 건축에 있어 형태를 의미하는 것이 아니다.

근대의 건축에서는 공장은 공장답게, 사무소는 사무소다운 기능표현을 한다는 논리가 살아 있었다. 그러나 현대의 기능은 점점 눈에 보기가 어렵게 되어가고 있으며 인텔리젠트 빌딩이라는 고도의 기능적인 사무소건축은 이미 눈에 보이지 않는 기능을 지닌 건축인 것이다. 더욱이 이러한 사정은 다른 장르의 건축인 공장, 터미널빌딩, 학교 등의 거의 모든 장르의 건축에도 적용되어가고 있다. 새로운 의료체제를 완비한 최첨단의 병원은 그 새로움의 대부분이 건축표현에 직결하지 않는 것으로서 존재하고 있다. 외부에서 보는 것만으로는 그 건물이 어느 정도 고도의 기능을 내장하고 있는가를 아는 것은 거의 의미가 없어졌다.

인텔리젠트라는 단어에서 말하고 싶은 점은 이러한 불가시화 되어가고 있는 건축형태가 건축에 내장되어가고 있다는 경향인 것이다. 스타일을 기능에 대하여 정직히 부여하려 한다하여도 기능 그 자체가 이미 불가시화 되어가는 점은 현대의 특징이며, 이것은 앞서 언급한 여러 가지의 조형의 경향전체에 대하여 무언의 압력을 주고 있는 것이다. 탈공업화 사회의 건축, 정보화 사회의 건축이라고 불리는 것은 이러한 기능의 불가시화의 시대의 건축인 것이다.

그러나 인텔리젠트 빌딩에 대해서는 이미 눈에 보이지 않게 되어 버린 기능을 어떻게 해서든지 가시화해야 한다는 과제가 생기게 된다. 이러한 측면에서 현대의 건축표현은 복잡한 상황에 놓여 있다고 할 수 있다. 의도적으로 표현을 부여하지 않는 한 기능을 표현한 건축을 만들어 내는 것은 어렵게 되어 있으며, 근대적인 건축이 이미 일반화되고 황폐화되고 있는 속에서 건축표현은 기능의 귀결로서는 떠오르지 않게 되었다. 하나의 기호로서, 하나의 태도표명으로서 표현을 선택하지 않는다는 점에서 건축은 건축이 되기 힘들게 되어있다.

현재의 건축은 다양한 표현을 하려는 경향을 띠고 있으면서 지금까지의 근대건축을 초월하려는 표현을 목표로 하여 전개되어가고 있다. 그곳에서 광의의 포스트모던의 시대가 생기게 된 점은 주지의 사실이다. 문제는 그곳에 표현해야 하는 건축의 기능, 건축의 성능이 서서히 불가시의 것으로 되어가고 있다는 점이다. 반면에 근대는 확실히 기능의 가시적인 표현이 존재한다. 기능의 가시적인 표현만이 초기 근대사회의 기쁨이며 사회에 대한 축의의 표명이었다.

그러나 현대는 집적회로(IC)의 칩은 고성능일수록 불가해한 인쇄파편에 가깝다. 기능, 성능, 재력, 권력도 이미 불가시의 시스템 속에서 기호화 되어가고 있다. 건축물은 이러한 것들을 소실하지 않고 하늘을 뚫을 듯한 자세로 공중으로 솟으며 땅으로 퍼진다. 그러나 정직히 표현하자면 이미 현대의 건축은 가시적 상징으로 되는 듯한 기능, 성능, 재력, 권력도 가지고 있지 않다. 이 모든 것을 기호로서 표현해야 한다는 것이 현대의 건축인 것이다. 기능이 불가시적으로 되어버린 현대에 있어 건축의 표현을 부여해가는 건축가들은 어떠한 입장에서 출발하던 간에 일원적인 가치관만으로는 건축표현의 미래를 개척할 수 없게 되었다.

더욱이 중요한 점은 건축가가 선택한 표현이 우리들에게 해석되지 못한다면 의미가 없다는 점이다. 기능적 필연, 사회적 필연, 구조적 필연이라는 근대건축을 지지한 이론적인 근거가 매우 애매하고 불확실하게 되어가고 있는 현재에 있어 건축가들은 항상 자신의 건축 작품에 의도적으로 존재증명을 보여주어야만 된다. 현대의 건축표현은 우리들에게 해독되어지도록 의식하여 설계되어 있다고 볼 수 있다. 현대건축의 다양함, 풍부함은 바로 이곳에서 유래하고 있다.

그리고 도시는 불가시의 기능을 안으로 갖고 있으면서 동시에 눈에 보이는 형태로 변하고 있다. 대규모의 재개발과 함께 도시는 변모해 간다. 그러나 그것은 의식적으로 건축의 표현을 부여하지 않는 한은 지금까지의 건축과 그다지 변하지 않는 건축군의 출현밖에 떠오르지 않는다. 근대에서 그러하였듯이 개발이 곧 새로운 건축표현이 되지는 않는 것이다.

3. 해체주의(De-Constructivism)

3.1 해체주의

20세기에 들어 건축의 특징들 중의 한 가지로는 해체주의라 할 수 있다. 이러한 해체주의는 철저하게 철학의 이론으로부터 출발하게 된 것으로서 자크 데리다(Jacques Derrida)의 해체이론[94)]은 해체주의에 있어서 이론의 근간이다.

자크 데리다 해체이론은 사고에 있어서 『이분법적 대립(binary opposition)』을 탈피하려는 것으로서 이것은 구조주의적 사고에 대한 저항이다. 데리다는 기존 서구문화의 바탕이 되어왔던 형이상학을 자신의 철학에 있어 근본이 되는 『다름(Difference)』이라는 개념을 통해 해체하고자 하였다.

데리다는『기억되어지고 있는』개념은 스스로 현존하는 상태로 존재하지 않으며, "모든 개념은 본질적으로 하나의 사슬 또는 시스템 내에 위치하여, 다름(difference)의 체계적인 작용에 의해 다른 개념 그리고 또 다른 개념들을 지시하고 있다."라고 하면서 언어의 의미와 인식의 내용이 시간적, 공간적 구별성 즉,『다름』을 만들어내는 이분법적 대립이 없는 것은 이미 우리의 사고 바깥에 있다는 것을 강조하고 있다. 또한 데리다는 해체주의의 전제적 조건으로서 해체 대상의 필요성을 언급하면서 해체주의 구조[95)]를 정의한다.

이러한 해체주의는 건축에 있어서 기존의 건축에 대한 정의와 개념을 해체하는 데 그 목적이 있는 것이며, 이를 위해서 철학이나 문학과의 경계를 허물어 형상적 언어의 철학적 수용을 꾀할 수 있도록 하였다. 해체주의 건축에서 해체대상은 모더

94) 해체주의 철학은 1966년 미국 존스 홉킨스 대학에서 열렸던 『비평의 언어와 인문과학』이라는 주제의 국제 심포지엄에서 자크 데리다(Jacques Derrida)의 『인문학의 예술행위에 있어서의 구조와 기호 그리고 유희』라는 제목의 논문 발표로 부터 본격적으로 서구의 문학비평에서 사회비평까지 지적 영역에 영향을 미치게 되었다.

95) 해체주의는 구조를 외부로 부터 붕괴하는 것이 아니다. 그것은 불가능한 일일 뿐더러 효과도 없다. 때문에 구조 내에서 정주하지 않고는 정확한 목표를 겨냥 할 수 없다. 해체의 시도는 반드시 내부로 부터 작용한다.

니즘으로, 해체주의는 모더니즘의 순수성이나 완전성을 의심하고 그것의 사상적 배경에 반론을 하게 되었다. 이러한 해체주의의 모더니즘에 대한 공격은 건축을 둘러싼 모든 문제의식을 재검토하도록 요청하였으며, 건축의 기본적 가정뿐만 아니라 건축의 미적기준과 같은 다양한 모더니즘의 기준들의 성립에 있어 반하면서 건축의 기준에 대한 새로운 가능성을 열어주었다.

해체주의 건축은 기존의 규범이나 규정을 깨뜨리게 되는 것으로 기하학적인 정육면체, 구, 삼각뿔 형태들을 조화롭게 구성하여 구조적인 안정성을 추구하고 있다. 마크 위글리(Mark Wigley)는 해체주의 건축이 구성주의 건축과 분리되어 이해되어지는 것은 잘못된 것으로 해체주의 건축이 단순히 형태의 파괴로 인식되는 것을 경계해야 한다고 하였다. 이보다는 조화에 대한 새로운 시각으로 또 다른 안정감을 위한 것이라 할 수 있다. 실제로 해체주의는 구성주의에서 맥락을 찾는 것이라고 보아야 할 것 이다.

3.2 해체주의 건축의 특성

건축의 구성은 디자인 구성요소들의 개체성과 이들의 결합방법에 의해 상호 연관성을 얻게 되고, 이는 건축의 형태와 이미지를 만들어 낸다. 필립 존슨(P. Johnson)과 위글리(M. Wigley)가 저술한 『해체주의 건축』에서 “형태는 그 스스로를 비튼다. 이러한 내부 비틀림은 그 형태를 파괴하지 않는다. 이상한 일이지만 형태는 손상되지 않고 남아있다. 이것은 건축의 파괴, 분해, 쇠퇴, 변질 또는 분산이라기보다는 오히려 건축의 분열, 전위, 편향, 일탈 및 비틀림이다. 그것을 파괴하는 대신에 구조를 치환한다”라고 해체주의 건축의 형태적 특징을 말하고 있다.

그림255 피터 아이젠만(Peter Einsenman, 1932-)

이러한 건축 형태적 측면에서 볼 때, 실제로 해체주의 건축은 의도적으로 형태와 공간을 파편화하고 이를 다시 조형적 상호관계에 의해 병치, 치환, 중첩함으로써 전체의 완전성을 붕괴시키고 있다. 이것은 기존건축이 전통적으로 표현하였던 중심성, 대칭, 균형 등의 조형적 원리에 충실하였던 것과는 상치하는 것으로 근대건축이 가지고 있는 조형적 원칙 중에서 내적 관념과 상징성을 사용자에게 강요하고 있음을 밝혀 이를 소멸시키려는 것이다. 이와 같은 의도에서 나타난 해체주의 건축 형태의 구성적 특성은 전통적인 도시조직과는 대조적인 단일건물을 도시보다 더 중요시하는 경향으로 보이며, 건물의 구성에 있어 기하학적이거나 기능주의적인 근대적인 전제가 무시되면서 형태적으로는 비대칭성, 비리듬성, 불확실성을 추구하고 있다. 무중력상태의 단면과 기울어진 벽과 기둥으로 착각을 일으킬 수 있으며 전통적인 건축 구성방법에서 멀어지고 심적 또는 시지각적인 관심이 초점이 되기도 한다.

해체주의 건축에 선두자 중의 한 사람인 피터 아이젠만(Peter Einsenman)은 그의 다양한 주택설계에서 탈 중심적이며 탈 기능적인 디자인을 보여준다. 이후 아이젠만은 베를린의 IBA 아파트(IBA Social Housing)에서는 대지가 가지고 있는 컨텍스트의 해체를 바탕으로 이루어 진 비대칭적인 건축의 구성을 보여준다. 조금씩 회전하면서 중첩되어져 있는 그리드에는 각각 추상적인 개념을 가지고 있다. 여기에

그림256 피터 아이젠만(Peter Einsenman), IBA 아파트(IBA Social Housing), 1985

그림257 IBA 아파트(IBA Social Housing) 그리드 중첩

96) William J. R. Curtis, 1900년 이후의 현대건축

그림258 프랭크 게리(Frank Gehry, 1929-)

는 현재의 대지와 18세기의 건물들 그리고 베를린 장벽에서 유추된 것으로 이러한 구성들은 사람들에게 분열과 불안정을 느끼게 하고 있다.

프랭크 게리(Frank Gehry)의 건축적 해체는 기존의 건물을 깨뜨려 부분으로 만들고 작품의 요소들을 미완성의 상태로 두는 등의 방법으로 전반적으로는 조각으로부터 많은 영향을 받았다고 볼 수 있다. 자신 또한 건축을 조각에 비유하기를 좋아하면서 건축에 있어서 기술적 대량 생산에 의한 완제품보다는 생산 과정의 독창성을 중시여기는 건설 중의 상태를 시지각적으로 드러내고자 한다. 게리의 건축 작업은 가능한 많은 조각난 부분을 만들어 각각의 조각들에 영구적인 성격보다는 주어진 순간들을 구체화시켜 의미를 부여하고자 한다. 건축적 콜라주를 통한 충돌로써 서로 상치되는 조각들을 긴장감과 함께 조합가능도록 하고 있으며, 전체적으로 그의 건물은 마치 비연출적인 필름과도 유사하며 또 다른 시각에서는 건축적 유희로도 보일 수 있다.

게리의 이러한 독특한 표현 언어는 론 데이빗 스튜디오(Ron Davis Studio)와 스필러 하우스(Spiller House)에서 드러나기 시작하였다. 여기에서 게리는 각을 이루는 평면과 경사진 볼륨이 시지각적 긴장감과 다의성을 가지도록 의도하였으며, 동시에 샛기둥, 주름진 금속시트, 체인 휀스, 드라이 월, 우드 패널 등의 조합과정에 있어서는 의도적으로 노출된 우연성의 방식으로 다루어졌다.

게리의 최근 작품에는 일반적 관습의 탈피와 분절된 기하학적 물체, 주변 환경의 진부한 형태의 수용, 추상주의 조각과의 유사성으로부터 그 다의성을 가지고 있다.[96] 로욜라 법과대학 증·개축 계획에서는 고전적인 건축유형들을 해체를 위한 수용의 것으로 이용하고 있다.

그림259 프랭크 게리(Frank Gehry),
스필러 하우스(Spiller House), 1979

그림260 프랭크 게리(Frank Gehry),
비트라 디자인 박물관
(Vitra Design Museum), 1989

그리고 독일과 스위스의 작은 접경도시에 위치한 바일 암 라인(Weil am Rhein) 지역의 가구회사의 전시장으로 계획된 비트라 디자인 박물관(Vitra Design Museum)에서는 수직과 수평의 요소가 존재하지 않으면서 마치 여러 형태들의 군집이 부유하는 듯함을 느끼게 하고 있다. 개별적인 요소들은 어떠한 조절이 없이 서로들 간의 동적인 상호 관입을 통해서 공간들을 만들고 있으며, 이러한 우연적인 공간들은 다양한 볼륨과 빛의 효과를 만들고 있다.

비트라 건축박물관 이후의 게리의 작품성향은 보다 더 자유스러움을 추구하면서 건축에서 역동적인 미학과 다중적 결합에 의한 조형적 측면을 강조하고 있다.

1997년에 스페인의 옛 작은 광산촌 빌바오(Bilbao)에 완공된 구겐하임 미술관(Guggenheim Museum)에서 게리는 해체된 여러 개의 긴 밴드를 다시 조합을 하여 자신의 조형적 감각을 적극적으로 추상화하고 있다. 티타늄판으로 덮인 다양한 곡면과 사선의 역동적인 움직임들은 도시와 강을 배경으로 공중에 부유하는 듯하다.

이처럼 게리의 건축은 해체를 통한 기존의 건축에 반하는 개인적이고 독창적인 성격을 발전시키면서 건물에 긴장감을 안겨주고 있다.

그림261 프랭크 게리(Frank Gehry),
빌바오 구겐하임 미술관
(Bilbao Guggenheim Museum), 2002

그림262 빌바오 구겐하임 미술관
(Bilbao Guggenheim Museum) 입구

그림263 베르나드 츄미(Bernaed Tschumi, 1944-)

해체주의 작가로써 베르나드 츄미(Bernaed Tschumi)의 건축은 무엇보다도 전통적인 규범을 의도적으로 넘어서는 것에서부터 시작한다. 츄미는 역사나 현대건축의 위대한 작품을 통하기보다는 그것들을 해체함으로써 자신의 건축은 만들어진다고 말하면서, 기존 질서와 개념에 관하여 의심하고 형태주의와 기능주의에서 탈피하여 건축의 한계에 대한 시험을 통하여 그의 건축적 작업은 시작된다고 한다. 츄미의 건축은 근대 아방가르드 성향의 것으로서 건축 자체에서 도출된 두 가지 부가적 언어에 의존하고 있다. 우선 그는 운동과 초점에 의미를 가지면서 이에 대해 화살과 선을 이용하여 역동적인 흐름의 형태들을 구성하고 있으며, 또한 뒤틀리고 깨지고 여기저기 산재된 엑소노매트릭(Axonometric)의 역동적인 암시를 통한 건축표현으로서 다양한 변화의 가능성을 가지려 하고 있다.

이러한 츄미의 건축적 특성은 라빌레뜨 공원(Parc de la Villette)에서 극명히 드러내 보여주고 있으며 이것은 과거의 낭만주의적 경향의 경관을 거부한 새로운 시도라고 보인다. 여기에서 츄미는 자신의 기본적 조화방식, 물결 모양의 선과 경계는

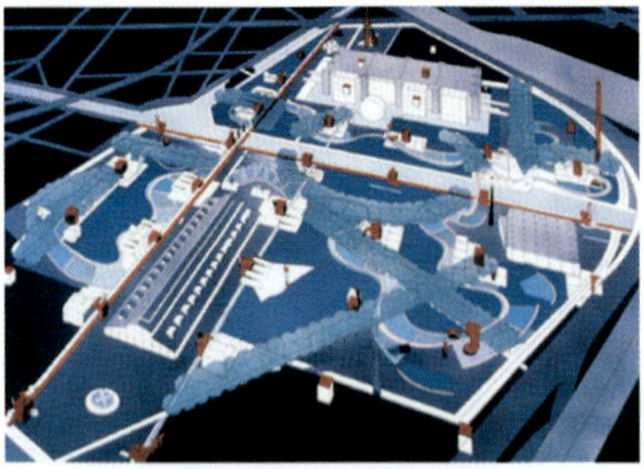

그림264 베르나드 츄미(Bernaed Tschumi), 라빌레뜨 공원(Parc de la Villette) 배치, 1983

그림265 라빌레뜨 공원(Parc de la Villette)의 폴리(Follies)

97) 건축도 영화도 아닌 영역을 의미하는 것으로, Barthes의 『내용(text)』을 『준문자적인 것(para-literary)』으로써 파악하는 Rosalind Krauss의 견해를 따르면, 비평과 문학 사이에 다소 애매한 상태를 반영한 것을 의미한다. 이러한 영역을 『중건축적인 것(para-architectural)』이라 할 수 있다.

점, 선, 면과 같은 칸딘스키(Kandinsky) 추상화 요소의 근대적 번안과 그 내부에서 같은 샷 피이스(Shot-piece)들이 다른 몽타주로 반복되는 준아방가르드 영화적 성격(para-avant-grade film)[97]의 것을 제안하였다. 그리고 120m 간격의 그리드 주요교차점의 표시는 붉은 큐빅의 『폴리(follies)』들을 츄미 자신의 문화적, 유희적, 교육적, 철학적 가치를 통한 임의적 규칙들에 따라 다양하게 변화하면서 표현하였다.

라빌레뜨 공원은 기존에 도시 속에서 고립되어있는 공원을 도시문화의 부분으로서 이해하려고 하는 현대공원의 새로운 접근방법을 제시한 것이기도 하다. 당시 공모전에 2등을 한 렘 쿨하스(Rem Koolhass)의 계획안도 현대공원에 대한 새로운 개념을 제시한 것으로 이는 후기 산업사회의 공간에 대한 투영이라 할 수 있다. 렘 쿨하스의 건축은 현대 대도시의 현상을 적극적으로 수용하려하고 있는 듯하다. 레이어의 개념과 다축적의 개념을 이용하여 도시를 이해하려고 하였으며, 때로는 현실과 환상을 연결하여 정보산업화되고 거대화되어가는 자본주의적인 현대도시 속에서의 현대건축의 새로운 방향을 제시하고자 하였다. 릴레(Lille)에 있는 타원형의 거대한 회의전시장인 그랑빨레(Congrexpo)에서의 건물의 스케일과 물결모양의 파사드를 위한 값싼 금속 등의 사용은 렘 쿨하스의 자본주의 건축적 이상을 잘 보여주고 있다.

그림266 렘 쿨하스
(Rem Koolhass, 1944-)

그림267 렘 쿨하스(Rem Koolhass),
라빌레뜨 공원(Parc de la Villette)
계획안, 1982

그림268 렘 쿨하스(Rem Koolhass), 그랑빨레(Congrexpo), 1994

그림269 그랑빨레(Congrexpo), 1994

렘 쿨하스와 함께 초기에 작업을 같이 하기도 한 자하 하디드(Zaha Hadid)는 구소련의 절대주의 예술에서 영향을 받았으며 공간의 인식과 구축에 있어서는 자연의 힘 또는 흐름을 이용한 역동적인 선들의 조합을 통하여 자신의 건축을 표현하고 있다. 홍콩 피크클럽(The Peak Leisure Club) 계획안에서는 홍콩에 존재하는 몇 개의 축들이 산의 정상에 모여서 3차원적으로 재해석되어 재배치되면서 이루어진 조각난 표피들에 의한 동적인 평면 구성은 건축의 과장된 회화적 표현이 보이기도 하다. 그녀의 이러한 개인의 강한 작품적 성향은 모든 작품 속에서 일관되어 나타난다. 베를린의 IBA 프로젝트에서는 대지의 모서리를 강조하면서 기울어진 투명한 파사드의 비상하는 듯 한 배치, 그리고 비트라의 소방서 계획에서는 예각을 가진 여러 부서진 조각의 파편들이 충돌을 하면서 만들어 낸 형태를 보여주고 있다.

이러한 그녀의 작품적 성향은 최근에 와서는 보다 유연적 공간으로 전이되고 있는 듯하다. 독일의 바일 암 라인(Weil am Rhein)에 있는 라인바일 가든 쇼를 위한 건물인 LF One(Ausstellungshalle LF one)은 강의 삼각주, 산맥, 숲, 사막, 협곡, 빙하, 대양 등과 같은 자연의 연구로부터 새로운 유연한 공간성을 도출하려는 노력

그림270 자하 하디드(Zaha Hadid), 홍콩 피크클럽(The Peak Leisure Club) 계획안, 1983

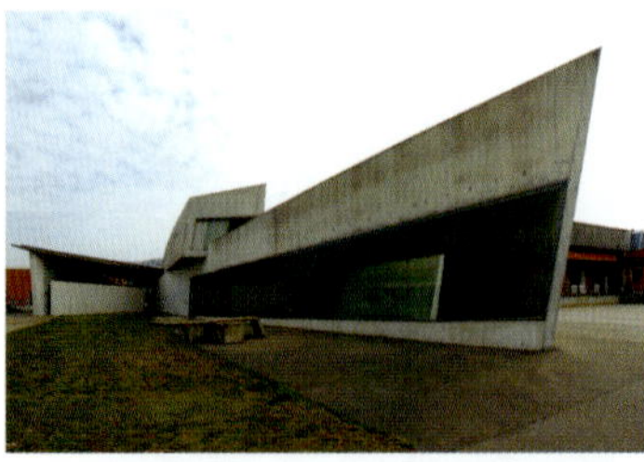

그림271 자하 하디드(Zaha Hadid), 비트라 소방서(Firestation) 계획, 1993

그림272 자하 하디드(Zaha Hadid, 1950-)

그림273 다니엘 리벤스킨(Daniel Libeskind, 1946-)

의 일환으로서, 자연에 존재하는 에너지의 흐름을 표현하고 있다.

분해된 형태들을 사용하여 재구성하는 다니엘 리벤스킨(Daniel Libeskind)은 베를린의 유태인 박물관(Jewish Museum)에서 불안전한 지그재그 형태에 2차 세계대전에 있었던 유태인의 억눌린 역사의 흔적을 건물 전체에 파편으로써 표현하고 있다. 이러한 지그재그한 평면, 파편의 자국들에 의하여 구성된 이면, 이곳을 통해 들어오는 여러 불규칙한 빛의 파편들로 이루어진 공간들은 은유적 표현을 통한 복합적인 의미를 가지고 있다.

그림274 자하 하디드(Zaha Hadid), LF One(Ausstellungshalle LF one), 1999

그림275 LF One(Ausstellungshalle LF one)

그림276 다니엘 리벤스킨(Daniel Libeskind), 유태인 박물관(Jewish Museum), 1999

찾아보기

참고문헌

- A. Loos, Spoken into the Void, The MIT Press, 1982.
- Alberto Ferlenga, Aldo Rossi 1959~1987, Electa, Milano, 1987.
- Antonino Saggio, Peter Eisenman, Trivellazioni nel futuro, ASTM, Torino, 1996.
- B. Zevi, L'Eredità dell'espressionismo in architettura, <<Marcatré>>, 1964.
- B. Zevi, Giuseppe Terragni, Zanichelli, 1980.
- C. Jencks, The Language of Post-Modern Architecture, Rizzoli, 1984.
- D. Harvey, The Condition of Post-modernity, Basil Blackwell, Cambridge, Mass. 1989.
- F. Russell, Art Nouveau Architecture, Academy Editions, 1979.
- G. Ballo, Sant'Elia e L'ambiente Futurista, Mazzotta, Milano, 1989.
- G. Ciucci & F. Dal Co, Architettura Italiana del'900, Electa, Milano, 1990.
- H. R. Hitchcock, Architecture : 19th and 20th Centuries. Penguin Books, 1958.
- H. R. Hitchock, P. Johnson, The International Style: Architecture since 1922, New York Museum of Modern Art, 1932.
- Judith Carmel Arthur, Bauhaus, Carlton, 2000.
- K. Frampton, Modern Architecture : a Critical History, Thames and Hudson, 1992.
- L. Benevolo, Storia dell'architettura moderna, Laterza, Bari, 1987.
- Le Corbusier, Vers une architecture, Paris,1923.
- M. Tafuri, Il sogetto e la Maschera, Una introduzione a Terragni, Lotus 20, 1978.
- Renato De Fusco, Storia dell'architettura contemporanea, Editori Laterza, 1997.
- S. Giedion, Space, Time and Architecture, Harvard University Press, 1967.
- William J. R. Curtis, "Modern Architecture since 1900",third edition, Phaidon, 1996.
- William J. R. Curtis, Modern Architecture, Phaidon, 1982.
- W. Jollos, Arte tedesca fra le due guerre, Mondadori, Milano, 1960.

· C. Rowe,/ 윤재희 외1인 역, 근대건축론집, 세진사, 1997.
· K. Frampton/ 정영철 외1인 역, 현대건축사, 세진사, 1987.
· K. Frampton/ , "근대건축의 여명 1851-1919"
· S. Giedion/ 김경준 역, 공간 시간 건축, 시공문화사, 1998.
· William J. R. Curtis/ 강병근 역, 1900년 이후의 현대 건축, 화영사, 2000.
· 서붕교, 윤재희, 시카고파의 건축, 세진사, 1995.
· 이해성, 1750-1900 근대건축의 흐름, 세진사, 1993.
· 양동양, 현대건축론, 기문당, 2003.
· 윤재희, 지연순, 국제양식의 건축, 세진사, 1995.
· 정인국, 근대건축론, 문운당, 1996.
· 진경돈, 남경훈, 20세기 현대건축론, 도서출판 서우, 2004.

근대 건축의 흐름
The Current of Modern Architecture

인쇄 | 2008년 4월 25일
발행 | 2008년 4월 30일

저 자 김승제 박 열
발 행 인 강 해 작
발 행 처 기 문 당
주 소 서울시 성동구 공명길 39
(하왕십리동 966-22)
전 화 02)2295-6171(代)~5
팩 스 02)2296-8188
출판등록 1976. 10. 7(1-44)
홈페이지 www.kimoondang.com
I S B N 978-89-6225-041-1 93540

정 가 15,000원

검인생략